U0340769

生态环境空间管理丛书

环境功能区划关键技术与应用研究

The Study on Key Technology and Application of Environmental Function Zoning

王金南　许开鹏　王晶晶　王夏晖　等著

中国环境出版社·北京

图书在版编目（CIP）数据

环境功能区划关键技术与应用研究/王金南等著. —北京：中国环境出版社，2016.7

生态环境空间管理丛书

ISBN 978 - 7 - 5111 - 2813 - 3

Ⅰ.①环…　Ⅱ.①王…　Ⅲ.①环境功能区划—研究—中国　Ⅳ.①X321.2

中国版本图书馆 CIP 数据核字（2016）第 104928 号

审图号：GS（2015）1355 号

出 版 人　王新程
责任编辑　葛　莉　董蓓蓓
责任校对　尹　芳
封面设计　彭　杉

出版发行　**中国环境出版社**

（100062　北京市东城区广渠门内大街 16 号）

网　　　址：http：//www.cesp.com.cn

电子邮箱：bjg1@cesp.com.cn

联系电话：010 - 67112765 编辑管理部

　　　　　010 - 67113412 教材图书出版中心

发行热线：010 - 67125803　010 - 67113405（传真）

印　　刷　北京盛通印刷股份有限公司
经　　销　各地新华书店
版　　次　2016 年 7 月第 1 版
印　　次　2016 年 7 月第 1 次印刷
开　　本　787×1092　1/16
印　　张　12
字　　数　260 千字
定　　价　56.00 元

前言

　　我国幅员辽阔，区域自然条件、社会经济发展和环境功能差异悬殊，决定了我国必须依据环境功能实行分区管理、分类指导。编制和实施环境功能区划，是落实主体功能区战略、加强生态环境保护的具体实践，是提升环境服务功能、促进国土空间高效协调可持续开发的重要措施，是环境管理走向源头控制、精细化管理的一项基础性环境制度，必将为空间开发规范、空间开发结构合理、区域发展更加协调提供环境支撑和基础保障。

　　党中央、国务院高度重视环境功能区划工作。《国务院关于加强环境保护重点工作的意见》《国家环境保护"十二五"规划》都明确提出了编制和实施环境功能区划的具体要求。2013 年 5 月，习近平总书记在中央政治局第六次集体学习的讲话中，对推进和实施环境功能区划做出了具体部署。为落实党中央、国务院的指示精神，环境保护部于 2009 年启动了国家环境功能区划编制研究与试点工作，成立了国家环境功能区划编制领导小组、专家咨询委员会，并委托环境保护部环境规划院联合北京大学环境学院、中国科学院生态环境研究中心等十余家科研院所组成专题研究技术组。2009—2012 年，先后设立了 28 项研究专题，分别就全国环境功能区划的技术方法与指标体系，基于环境功能区的大气、水、生态、土壤等环境管理目标与对策等专题开展了深入细致的研究工作，形成了约百万字的研究成果，并通过了环境保护部组织的专家论证。在新疆、浙江、吉林、河北、黑龙江、河南、湖北、湖南、广西、四川、青海、宁夏、新疆建设兵团等 13 个地区开展了环境功能区划研究和编制试点，验证了技术方法，积累了实践经验。2013 年 6 月，专题研究成果通过了中国环境科学学会主持召开的成果鉴定会，专家们一致认为该研究成果达到了国际先进水平，具有很强的实用性。

　　本书是在上述专题研究成果的基础上提炼整理完成的，包括环境功能界定与划分、环境功能综合评价、红线管控体系、基于区划的环境管理体系等内容。作者认为，环境功能区划是根据区域环境功能的空间差异划分不同类型的环境功能区，提出不同区域的环境管理目标和对策，实施差异化的环境管理政策。基于空间尺度建立从国家到地方的环境功能区划体系，全国环境功能区划以战略引导为主，是各专项环境区划编制和实施的基础和依据。地方环境功能区划以落实细化为主，明确区域内水、大气、土壤、生态等环境要素的管控措施。在以 2 413 个县级行政单位作为评价单元进行环境功能综合评估的基础上，根据区域环境功能类型的体现形式，把全国陆地范围分为五类环境功能类型区，其中，以保障自然生态安全为主的环境功能区占国土面积的 53.2%，包括自然生态保留区和生态功能保育区；以维护人群健康为主的环境功能区占国土面积的 46.8%，包括食物环境安全保障区、聚居环境维护区和资源开发环境引导区。提出了基于环境功能区划的环境要素管理导则，明确了各环境功能类型区水环境、大气环境、土壤环境、生态环境的管理目标和对策，建立了"分区管理、分类指导"的环境管理体系。

全书共 12 个章节。第 1 章由许开鹏、迟妍妍、王晶晶等人撰写；第 2 章由王金南、张惠远、许开鹏等人撰写；第 3 章由张箫、饶胜、金陶陶等人撰写；第 4 章由迟妍妍、张丽苹等人撰写；第 5 章由王晶晶、葛荣凤等人撰写；第 6 章由张箫、金陶陶等人撰写；第 7 章由陆军、王夏晖、许开鹏等人撰写；第 8 章、第 9 章由王金南、蒋洪强、陈罕立、徐敏、万军、刘桂环等人撰写；第 10 章由王金南、许开鹏等人撰写；第 11 章由李涛、王夏晖、王晶晶、张箫、张丽苹等人撰写；第 12 章由王浙明、迟妍妍、葛荣凤等人撰写。全书由许开鹏负责统稿，王金南负责定稿，王晶晶负责图件制作。

本书提供了环境功能区划技术方法、区划方案、分区管控体系和具体案例。相关内容可供有关政府部门和研究机构参考。

目录
CONTENTS

第一篇 总 论

第1章 国内外分区管理的实践经验 ·········· 3

　1.1 我国分区管理的实践经验 ·········· 3

　1.2 相关国际经验和启示 ·········· 6

　1.3 我国环境功能区划工作的差距 ·········· 9

　1.4 环境功能区划的意义和必要性 ·········· 10

第2章 环境功能区划方案总体设计 ·········· 12

　2.1 指导思想 ·········· 12

　2.2 总体目标 ·········· 12

　2.3 基本原则 ·········· 13

　2.4 相关理论基础 ·········· 13

　2.5 环境功能区划框架 ·········· 13

　2.6 环境功能区划体系的特征 ·········· 14

　2.7 环境功能区划制度的特征 ·········· 15

　2.8 环境功能区划与相关部门区划的关系与衔接 ·········· 16

第二篇 环境功能区划技术与方法

第3章 环境功能与类型区界定 ·········· 19

　3.1 内涵界定 ·········· 19

　3.2 环境功能类型区的划分 ·········· 20

　　3.3　环境功能类型区及亚类 ·· 20

　　3.4　环境功能类型区的功能定位和特点 ················· 21

第 4 章　环境功能评价指标体系研究························· 23

　　4.1　环境功能评价技术路线 ·· 23

　　4.2　环境功能评价指标体系 ·· 23

　　4.3　环境功能评价方法 ·· 26

　　4.4　环境功能综合评价指数 ·· 37

第 5 章　环境功能指标的评价研究························· 38

　　5.1　自然生态安全指数评价 ·· 38

　　5.2　人群环境健康指数评价 ·· 50

　　5.3　区域环境支撑能力指数评价 ·································· 51

　　5.4　环境功能综合评价 ·· 55

第 6 章　环境功能类型区划分方法研究················· 56

　　6.1　类型区划分技术路线 ··· 56

　　6.2　基于环境功能综合评价的分区 ······························ 56

　　6.3　基于主导因素法的分区 ·· 57

　　6.4　环境功能区的划分条件 ·· 58

第三篇　全国环境功能区划方案及管控体系

第 7 章　全国环境功能区划方案······························· 65

　　7.1　总体方案 ·· 65

　　7.2　类型区分级特征 ·· 67

　　7.3　类型区的区划方案 ·· 67

第 8 章　基于区划的环境分区管理体系设计··········· 74

　　8.1　明确分区环境功能目标 ·· 74

　　8.2　制定环境管理措施 ·· 74

　　8.3　制定发展引导措施 ·· 80

第 9 章　基于区划的红线管控体系 ·· 84

　9.1　基于区划的红线管控体系设计 ·· 84

　9.2　环境红线管控分类体系 ··· 91

　9.3　基于区划的环境红线管控制度设计 ···································· 94

第四篇　环境功能区划体系与编制试点的研究

第 10 章　环境功能区划体系设计 ·· 99

　10.1　环境功能区划体系框架 ··· 99

　10.2　横向区划体系 ··· 100

　10.3　纵向区划体系 ··· 100

第 11 章　新疆维吾尔自治区环境功能区划编制试点的研究 ············· 102

　11.1　新疆维吾尔自治区环境功能区划体系 ······························ 102

　11.2　自治区级环境功能区划的研究 ··· 103

　11.3　县级环境功能区划的研究——以特克斯县为例 ·················· 136

　11.4　地州级环境功能区划的研究——以伊犁州为例 ·················· 146

　11.5　不同层级区划的衔接 ··· 150

第 12 章　浙江省环境功能区划编制试点的研究 ···························· 156

　12.1　浙江省环境功能区划体系 ··· 156

　12.2　区划原则与方法 ··· 156

　12.3　环境功能区划分方案 ··· 158

　12.4　分区环境管理目标及对策 ··· 167

参考文献 ·· 176

第一篇　总　论

我国幅员辽阔，空间地理特征分异性显著，这一基本国情决定了我国必须依据环境功能实行分区管理、分类指导。组织编制环境功能区划、建立以区划为基础的环境管理体系，是环境保护部履行环境管理职能、提高环境管理水平的重要支撑，对落实国务院机构改革要求、提高环境保护水平具有重要意义，也是贯彻落实科学发展观、建设和谐社会的重要手段。本篇阐述了国内外分区管理的实践经验，我国开展环境功能分区的需求和必要性，环境功能区划工作指导思想、基本原则和目标等内容，并根据我国国情，提出了全国环境功能区划和地方专项环境功能区划相衔接的区划体系，明确了全国环境功能区划的定位和作用。

第1章 国内外分区管理的实践经验

分区管理已成为环境保护的有效手段和主要途径，对环境各要素实行分区管理已成为国际上常用的环境管理手段。本章通过梳理国内外分区管理的实践与经验，指出了我国环境功能区划的差距与需求，并明确了构建环境功能区划的重要意义。

1.1 我国分区管理的实践经验

1.1.1 自然地理区划

自然地理地带性和区域分异规律是 20 世纪地理学研究的重大课题。自然地理区划就是依据自然地理地带性和区域分异规律进行自然地域划分，主要表达了地理现象与特征的区域分布规律。对自然地理单一要素的区划仍是区划工作的主体，新中国成立以来，我国先后开展了气候、植被、地貌、水文、生物等自然区划，对相关自然环境进行了科学、客观的分区和分类，对实际生产有一定的指导意义。农业、林业、水利、国土、经济等部门区划，探索建立分区差异化的管理政策，对于充分合理地利用各地区人力、物力资源，促进经济社会发展发挥了重大作用。

《中国综合自然区划方案》（黄秉维，1959）揭示并肯定了地带性规律的普遍存在，这对研究中国自然地域分异规律是一个历史性的突破。该方案建立了经典的区划方法论，是我国影响最大的一个方案，一直被农、林、牧、水、交通运输及国防等有关部门作为查询、应用和研究的重要依据，有力地推动了全国和地方自然区划工作的深入开展。郑度等在分析总结各种自然地理区划方案研究的基础上，提出了包括区划本体、区划原则、区划等级系统、区划模型和区划信息系统的自然地理区划范式，指出在地理空间单元理论的指导下，可以实现在统一的科学框架下的各种自然地理区划的集成，并为开展综合区划研究提供了可用的技术方法。

从自然地理区划发展历程看，我国的自然地理区划虽然经历了从单一要素分区到综合分区的发展，但总体上以空间区域的自然地理研究为主，社会经济分区研究发展相对薄弱。另外，分区的最终目的是完善对区域自然现状和规律的认识与理解，在符合自然客观规律的基础上加强对区域的宏观调控与管理。自然地理区划遵循综合性原则和主导因素原则，能够为环境功能区划的理论方法提供借鉴。

1.1.2 经济区划

经济区划的目的是实现地区经济发展层级的划分。从我国经济区划发展历程来看，新中国成立以后的较长时期，全国经济区划一直采用"两分法"，即全国划分为沿海与内地；1954 年建立了东北、华北、华东、华中、华南、西南、西北七大经济协作区；1961 年华中区与华南区合并为中南区，全国划分为六大经济协作区；"七五"期间提出东、中、西三个经济带；"九五"期间形成七大经济区，即东部地区、环渤海地区、长江三角洲地区、东南沿海地区、中部地区、西南和东南部分省区、西北地区。

我国地区经济体现出巨大的差异性和差距性，经济区划通过对不同层次地区制定相关针对性发展策略，实现差异共存基础上的缩小差距、消灭差距的协调发展，保证国民经济的持续、协调发展。

1.1.3 环境分区管理

在环境保护领域，大气功能区划、水功能区划、海洋功能区划、水土流失治理区划、生态功能区划等各类环境保护和治理区划的相继出台和实施，为环境保护与生态建设提供了科学依据。

国内环境区划的研究始于国家"八五"攻关课题，一些学者分别从环境区划的原则、方法及构成等方面对我国的环境区划进行了有意义的探讨。姜林等（1993）在对环境区划的方法进行探讨的基础上，以北京市为例进行了环境保护分区，将北京市划分为大区、区、亚区、小区 4 个层次的环境分区。吴忠勇等（1995）在对环境区划的理论方法进行阐述的基础上，探讨了我国环境区划的原则，并提出了环境区划的指标体系。从"九五"开始，清华大学环境科学与工程系、中国环境规划院、中国科学院生态环境研究中心、中国水利水电科学研究院、中国环境科学研究院等单位先后开展了"两控区"划分、水环境功能区划、水功能分区、生态功能分区等工作。全国省级水环境功能区划到 2001 年基本完成，2002 年原国家环境保护总局主持汇总形成了全国的水环境功能区划方案。水环境功能区划根据水资源的自然条件、功能要求、开发利用现状，按照主导功能划定了不同水域的质量标准，为满足水资源合理开发和有效保护制定了详细的目标。1998 年国务院批准同意了国家环境保护总局完成的二氧化硫和酸雨"两控区"的划分方案，各省市在城市环境保护规划中，都开展了大气环境功能区划分。酸雨和二氧化硫污染控制区的划分，实现了控制我国大气污染水平、扭转酸雨恶化趋势的目标。环境保护部和中国科学院也联合组织开展了全国范围的生态功能区划工作。生态功能区划根据生态特征、生态系统服务功能及生态敏感性空间分异规律确定了不同地域单元的主导生态功能，为生态保护与建设提供了理论支撑。

目前关于环境区划，基于单要素（水、大气、土壤、生态等）的环境功能区划研究与实践较多，但在区域层面上以协调区域环境保护与经济社会发展，提高环境管理能力为目的的综合性环境区划研究与实践较少；另外，基于宏观层面以我国社会经济发展、环境保护、自然资源各要素为基础，为我国其他部门区划提供参考的国家层面的环境区划研究较少，并且我国环境区划体系框架不明确、不统一也是当前环境区划研究中存在的主要问题。

以上区划虽然在环境要素保护方面发挥了积极作用，但是对环境、经济、社会的综合考虑不足，各专项规划、区划间的有效衔接不够，环境保护的统筹指导作用有限。因此，借鉴国内外区划工作经验，提出保障区域生态安全和人群环境健康的环境功能区划，对于促进自然资源有序开发和产业合理布局、实现生态环境与经济社会的协调发展、建设"两型"社会和提高生态文明水平具有重大作用。

1.1.4　主体功能区规划

主体功能区规划是根据资源环境承载能力、现有开发密度和发展潜力，统筹考虑未来中国人口分布、经济布局、国土利用和城镇化格局，确定不同区域的主体功能，明确开发方向，完善开发政策，控制开发强度，规范开发秩序，逐步形成人口、经济、资源、环境相协调的空间开发格局。

主体功能区规划的主要依据是区域自然条件、主体功能、资源环境承载能力、开发强度与开发潜力、空间结构合理性等。主体功能区规划遵循以下原则：①部分覆盖国土空间。确定四类主体功能区的标准后，只有符合标准的区域划入四类主体功能区，其他区域目前暂不划入，待时机成熟调整标准后再逐步归入四类主体功能区内。②适度突破行政区。科学合理的区划方案可以发挥规范国土空间开发秩序、协调国土空间开发结构的作用，但长期以来形成的行政分割在短时期内很难消除。主体功能区规划要依托现有的行政区划，在局部区域适度打破行政区界线，构建跨行政区的主体功能区。③采用自上而下的方法。主体功能区规划具有全局性、引导性、约束性或强制性的特点，宜采用自上而下的划分方法。

主体功能区按照提供的主体产品类型为基准，划分为以提供工业品和服务产品为主体功能的城市化地区、以提供农产品为主体功能的农业地区和以提供生态产品为主体功能的生态地区。

按照不同区域的资源环境承载能力、现有开发强度和未来发展潜力，以是否适宜或如何进行大规模高强度工业化、城镇化开发为基准，划分为优化开发区域、重点开发区域、限制开发区域和禁止开发区域四类。优化开发区域是经济比较发达、人口比较密集、开发强度较高、资源环境问题更加突出，应优化进行工业化、城镇化开发的地区；重点开发区域是有一定经济基础，资源环境承载能力较强，发展潜力较大，积聚人口和发展经济的条件较好，应重点进行工业化、城镇化开发的地区，它和优化开发区域都是城市化地区，开发内容相同、方式不同；限制开发区域是指以增强农业综合生产能力为首要发展任务的农业地区和以增强生态产品生产能力为首要任务的生态地区，应限制进行大规模高强度工业化和城镇化开发；禁止开发区域是指依法设立的各类自然资源保留区域，应禁止进行工业化、城镇化开发。

主体功能区规划具有基础性、综合性和战略性三大特点，具体体现为：①基础性特征，主体功能区规划是宏观层面制定国民经济和社会发展战略与规划的基础，也是微观层面进行项目布局、城镇建设和人口分布的基础，在各类空间规划中居于总控性地位。②综合性特征，主体功能区规划既要考虑资源环境承载能力等自然要素，又要考虑现有开发密度、发展潜力等经济要素，同时还要考虑已有行政辖区的存在，是对自然、经济、社会、文化等因素的综合考虑。③战略性特征，主体功能区规划事关国土空间的长远发展布局，区域的主体功能定位在长时期内应保持稳定，因而是能长期发挥作用的战略性方案。

1.2　相关国际经验和启示

1.2.1　水环境分区管理

美国国家环境保护局（United Stated Environmental Protection Agency，USEPA）早在 20 世纪 70 年代末就提出水环境管理不仅要关注水化学指标和水污染控制问题，同时也应该关注水生态系统结构和功能的保护，这就要求制定一套既可以指导水质管理，又能够反映水生生物及其自然生活环境特征的水生态系统的区划体系。到了 80 年代中期，基于美国学者 Omenik 的研究成果，USEPA 提出了水生态区划方案，通过考虑土壤、自然植被、地形和土地利用 4 个区域性特征指标，将具有相对同质的淡水生态系统及其与环境相关的土地单元划分为一个生态区。该划分方案既体现了水生态系统空间特征的差异，又能够为水生态系统完整性标准制定提供作为依据的管理单元体系，并且还实现了从水化学指标向水生态指标管理的转变。水生态区划方案于 1987 年发布，至今已被多次修改，整个北美大陆被划分为 15 个 Ⅰ级水生态区、52 个 Ⅱ级水生态区和 84 个 Ⅲ级水生态区，Ⅰ 级区和 Ⅱ 级区的划分较为粗略，Ⅲ 级区的划分相对细致。为了管理和监测非点源污染问题，几个州开始进行 Ⅳ 级的水生态区的划分，USEPA 的目标是最终利用 Ⅳ 级水生态区来管理各州的水环境。

1998 年 6 月，USEPA 开始对不同的水生态区制定针对性的监测技术指导手册；2000 年 4 月，首先完成了溪涧和河流水生态区的技术指导手册，确定了总氮、总磷、透明度和叶绿素 a 等指标的营养状态基准值；2000 年 7 月、2001 年 9 月和 2001 年 12 月，又相继完成了针对湖泊和水库、河口区和海岸带、湿地等生态区的技术指导手册，水生态区已很好地应用于美国的水环境管理中。

美国所提出的综合考虑水体生态、环境和陆域生态系统的水生态区划的管理思路，通过奥地利（ASI，1997）、澳大利亚（Davies，2000）和欧盟（Moog，2004）等地区的研究和应用得到进一步推广。

奥地利标准协会（Austrian Standards Institute，ASI）运用 USEPA 模型"自上而下"的基本分区方法，用气候、地文、植被等大尺度因素控制水质、大型无脊椎动物等小尺度因素，最后结合专家的判断确定区域边界，将奥地利划分为 17 个水生态区，为资源管理与生物多样性保护提供依据。

澳大利亚学者 Davies 运用 USEPA 模型开展水体健康状况的研究，并提出了评价体系，在选取气候、地文、植被类型等环境因子的基础上，通过专家判断，将澳大利亚划分成 17 个水生态区。

欧盟在 2000 年颁布的《欧盟水政策管理框架指令》中，也明确提出以水生态区和水体类型为基础确定水体的参考条件，并据此评估水体的生态状况，最终确定以生态保护和恢复为目标的淡水生态系统保护原则。欧盟分区方法相对而言更注重将化学整治与生物整治相结合，关注水生态系统健康，方案选取取决于流域特征和动力学特征的主要景观组成因素（地形、地质、气候）及控制河流生物群落的主要因素（河道形态、水流形式、河床形态和河岸带植被），大尺度生态分区基于生态学、地形学或生物学相似描述，小尺度水生态分区遵循"从上到下"基本原理。

1.2.2　大气环境分区管理

在大气环境分区管理方面以美国的《清洁空气法》（Clean Air Act，CAA）中提到的空气质量控制区最为典型。美国通过立法来管理大气环境的主要目的是达到国家环境空气质量标准（National Ambient Air Quality Standards，NAAQS），1990年《清洁空气法修正案》中要求美国环保局划定空气质量控制区，空气质量控制区的界限可与行政边界不一致，全国共被划分为 247 个空气质量控制区。除州内空气质量控制区外，美国环保局还有权划定州际的空气质量控制区，并由有关州政府联合组建的州际空气污染控制机关来管理州际空气质量控制区的污染问题。

《清洁空气法》要求各州必须在国家空气质量标准颁布后 9 个月内，向美国环保局呈报该州内各空气质量控制区的国家空气质量标准实施计划，美国环保局在 4 个月内完成州内实施计划的审查，做出批准或不批准的决定。州实施计划中应包括各空气质量控制区的达标计划和时间表，为达到和保持初级和二级标准所必须采取的排放限值及其他措施，为监测和分析空气质量数据所必需的设备、方法和程序，固定污染源的改造、建设和运转方案，定期检查和测试机动车遵守排放限值的情况等内容。

根据污染物是否超出国家环境空气质量标准，空气质量控制区可进一步分成达标区和未达标区，这一划分有利于根据不同污染状况对某一地区实行不同的管理措施，使其以最有效的方式、最快的速度达到国家环境空气质量标准的要求。达标区和未达标区的主要管制区别是对新排放源的许可和既有排放源的管理。

达标区对新排放源执行较为严格的显著恶化（prevent significant deterioration，PSD）许可，未达标区执行的是最为严格的新排放源评估（new emission source，NES）建设前许可，这两种许可的区别是它们的技术要求不同，PSD 许可在技术上必须采用最佳可用控制技术（best available control technology，BACT），NES 建设前许可必须采用最低可用排放率技术（lowest achievable emission rate，LAER）。LAER 是所有州执行计划（State Implement Plan，SIP）中最为严格的排放要求，如果某一控制区内的新排放源被视为主要排放源（达标区与未达标区对主要排放源这一概念的界定存在差别），那么它必须根据所处的地区是达标区还是未达标区，按照州的相关规定履行 PSD 许可或 NES 建设前许可程序；达标区对于既有排放源没有强制的管理要求，可以采取任意控制措施，而未达标区会根据不同的污染物有技术上的控制要求。

1.2.3 生态环境分区管理

将生态区作为区划单元进行生态功能区划，因地制宜地制定产业发展方向，引导区域社会、经济、生态的可持续协调发展是国际上的通用做法，在美国（Bailey，1976）、加拿大（Marshall and Schut，1999）、荷兰（Albert，1995）和新西兰（Harding and Winterbourn，1997）等国都得到了很好的应用。

1976年，美国学者Bailey首次提出了一个初步的生态区划方案，先根据气候影响因子划分美国的生态大区，再根据局域地形、植被、土壤的分布状况对大区进行细化。Bailey认为区划就是按照其空间关系来组合自然单元的过程，他按照地域（Domain）、区（Division）、省（Province）和地段（Section）4级标准来对美国的生态区域进行了划分；他将地理学家的工具——地图、尺度、界限和单元等引入生态系统的研究中，这有助于将生态学的数据、资料应用于生物多样性的监测、土地资产的管理和气候变化结果的解释等方面。Bailey认为生态区与其他土地分类方式不同，生态系统的界线不仅要依据现存的生物资源，而且应建立在影响不同尺度生态系统分类的因子之上，这样，对于生态系统的识别和比较就不会受现有的土地利用方式和其他因素干扰（Bailey，1989）。1998年，他为美国农业部（United Stated Department of Agriculture，USDA）编制了美国生态区划，该区划为有效指导农业生产提供了科学基础。在Bailey的美国生态区划图的基础上，McNab等（1994）进一步进行了小区域（Subregions）的生态区域划分，并对各区域进行了详细论证。

1995年世界野生生物基金会联合世界银行制定了生态区划，为生物多样性保护、维持生态系统与生境多样性提供了新的研究框架（Dinerstein et al.，1995）。1996年，美国以MLRA（Major Land Resource Areas）、美国林务局和美国国家环境保护局生态框架为基础，研究开发了"美国的生态单元空间框架"，建立了通用的生态区域框架。它不仅综合了各领域专家对研究区域的研究成果，探讨了不同要素之间的相互作用、相互联系的互动机制，深化了对陆地表层系统的全面理解，而且为各部门协作配合、评估自然资源、制定和执行规划提供了一个平台（McMahon et al.，2001；Thomas，2004）。

加拿大环境合作委员会（Commission for Environmental Cooperation，CEC）进行的生态区划研究，为开展全国尺度及区域尺度的环境报告与评价提供了基础框架（CEC，1997）。

20世纪70年代，世界自然保护联盟（IUCN）提出依据世界生物地理区划系统建立各国完善的自然保护区网络系统，目的是使各自然保护区的布局符合生物地理省份分区体系，并被人与生物圈（MAB）计划所采纳。

生态区划主要应用于陆地生物多样性评价、野生动物生境累积威胁的等级划分、森林调查清单、土地利用、物种分布与生态区关系等方面，对生态建设和环境保护起到了积极的推动作用。

1.2.4　综合环境分区管理

在综合环境分区管理方面以荷兰的全国环境政策计划最为典型。20世纪70年代初，荷兰为了解决制造业发展和密集农业带来的严重污染问题，颁布了地表水污染法案、空气污染法案和土地保护法案，由于不同的机构负责管理不同的法规，以及一些政策的重叠，实施这些不同的法规需要付出繁重的代价。1989年，荷兰政府针对上述问题，在第一次全国环境政策计划中提出最具创新性和空间导向性的综合环境分区，将环境质量标准、污染防治措施和土地利用法规相结合，并对主要的环境问题进行累积处理。

荷兰全国环境政策计划由荷兰住房、空间规划和环境部提出，对综合环境分区方案进行设计和测试。1990年发布《综合环境分区暂行规程》，制定了噪声、气味、有毒物、致癌物以及危险物品5类环境影响的分级标准，为评估工厂群可能对周边居民区的环境影响、如何减轻这些影响提供了方法。几个应用了综合环境分区的项目都揭露了比预想的要更严重的情况，同时也表明了运用暂行规程中所采取的相关分析的重要性，以及给予地方在研究针对分析所识别的环境影响的可行的解决方法上更多的灵活性的价值。

荷兰综合环境分区方案是一项具有创新性和大胆的政治行动，一方面可用于识别工业活动对周边居民区的环境影响，另一方面可用于探讨为了实现健康和可持续的城市环境所需要采取的措施。该方法的设计和从试点项目中所得到的经验教训对设计适合其他国家的城市环境的对应方案的规划人员来说，是很有价值的。

1.3　我国环境功能区划工作的差距

环境功能区划是基于经济社会发展需求，面向生态环境可持续利用的环境质量及生态状况，在空间与时间上的定量划分。其目的是在区域空间资源和环境承载能力的基础上，通过辨析面临的环境问题和环境保护压力，分区制定环境保护目标和明确环境保护相关政策措施，主动引导国家环境与经济社会的协调发展。

与国际环境保护的先进水平和我国环境保护的现实需求相比，我国环境功能区划还存在很多问题和显著差距：①基于要素的环境功能区划进度和精细程度不一，缺乏系统的框架和尺度控制体系；②单要素的环境功能区划主要强调了环境质量，缺乏对生态系统和人类健康因素的考虑；③自下而上的区划思路导致分区目标不公平，协调难度大，难以适应区域性、复合型和交叉性污染控制和环境管理的需求；④基于单要素的环境功能区划难以适应国家主体功能区规划的需要；⑤不同要素的功能区划分管理职能交叉，法律地位不明确，配套政策不完善。

上述问题需要借鉴国内外环境分区管理的先进技术，总结我国环境功能区划的经验教训，充分认识我国环境保护面临的问题，系统研究建立健全国家环境功能区划体系，为保障国家环境安全提供坚实的基础。

1.4 环境功能区划的意义和必要性

（1）我国"一刀切"的环境管理模式严重影响了环境管理效率和不同区域的环境保护积极性

长期以来，我国各项环境保护规划计划、保护目标和标准、环境政策和管理以及各种考核制度，都没有反映出环境问题的区域特征，难以适应不同环境功能区域的环境保护管理需要。社会经济发展和环境保护目标制定及考核中"一刀切"的现象非常严重，例如，用"集中和优化"开发区的考核指标标准去考核"限制和禁止"开发区，不同环境功能区之间的环境质量目标、污染物排放总量控制以及产业准入没有充分体现差异性。由于区域环境功能不同，同样的投入往往难以产生同样的环境绩效，对地方环境保护工作的积极性和主动性也造成了很大影响。实行环境功能区划制度就是要根据环境功能区划提出不同区域的环境管理目标和对策，进一步在环境质量目标设置、污染排放标准实施、排放总量分配和削减、产业环境准入、环境监督监管、环境绩效考核等方面实施差异化的环境管理，为我国形成科学化、差异化、精细化的环境管理体系提供依据。

（2）区域不同自然环境条件、经济发展水平和环境功能定位迫切要求实行区域化的环境保护战略

自然环境的差异决定了各项基本环境要素、环境本底和环境承载能力差异悬殊，各地生态系统和环境功能也千差万别。同时，不同区域社会经济发展水平和发展模式也呈现出巨大差异。东部沿海地区发展模式已基本实现粗放型向集约型的转变，而中西部内陆地区则还大多处于粗放发展阶段，更多依赖资源型经济发展模式。从城镇化发展程度上看，山地区城镇化水平低、基础设施建设滞后、经济发展多依赖农业生产和矿产资源开发利用，而平原区城镇化水平相对较高、基础设施建设相对完善，工业化和集约型经济相对发育。未来我国将继续实施东部率先发展、中部崛起、振兴东北、西部大开发的区域发展战略。这些因素都决定了我国的环境保护模式必须与区域自然环境条件、经济发展水平和环境功能定位相适应。

（3）环境功能区划制度作为保护环境的有效手段得到了国际上的广泛认可和实施，我国也有很好的基础

基于环境功能的环境分区制度是国际上，特别是发达国家普遍应用的一项制度。美国、加拿大、荷兰和新西兰等国，一般将生态区作为区划单元进行环境功能区划，以此制定环境质量标准适用范围、排污许可证许可内容、项目环境影响评价以及产业准入条件等，引导区域社会、经济、生态的可持续协调发展。自1987年美国提出了第一份水生态区功能区划方案以来，综合考虑水体生态、环境和陆域生态系统的水生态功能区划思路得到推广。之后，欧盟、英国和澳大利亚也相继实施了环境功能区划。随着世界各国环境问题认识的提高，建立和完善环境功能区划制度、实施

分区管理已成为环境保护的有效手段和主要途径。

（4）编制和实行环境功能区划制度，是主体功能区规划的环境保护"落地"管理和必然要求

所谓环境功能是指环境各要素及其组成系统为人类生存、生活和生产所提供的环境服务的总称，具体包括维护人居环境健康和保障自然生态安全两方面。环境功能区是依据不同地区在生态环境结构、状态和功能上的差异，结合经济社会发展战略布局，合理确定环境功能并执行相应环境管理要求的区域。目前，《全国主体功能区规划》提出了推进形成主体功能区的宏观发展战略，但在推进实施方面遇到了很大的阻力。国务院《关于印发全国主体功能区规划的通知》也明确要求编制全国环境功能区划。为了加快推进主体功能区战略，必须在环境保护领域制定与主体功能区战略相呼应、相协调的环境功能区划制度。具体而言，要用"自然生态保留区"对接"禁止开发区"，用"生态功能保育区、食物环境安全保障区"对接"限制开发区"，用"聚居环境维护区、资源开发环境引导区"对接"集中开发区和优化开发区"，通过环境功能区"倒逼"机制保护四大主体功能区。

（5）实行环境功能区划制度是全面落实全国人大赋予环境保护重要职责的根本途径

2008 年 3 月 15 日，十一届全国人大一次会议通过的国务院机构改革方案决定：为加大环境政策、规划和重大问题的统筹协调力度，组建环境保护部。决定赋予环境保护部 4 项主要职责：①拟定并组织实施环境保护规划、政策和标准；②组织编制环境功能区划；③监督管理环境污染防治；④协调解决重大环境问题。

同时，党中央、国务院高度重视环境功能区划工作。习近平总书记、李克强总理多次提出编制全国环境功能区划和划定生态红线的指示。自 2008 年以来近 10 个国务院文件都明确提出实施环境功能区划的具体部署。早在 1998 年《国务院办公厅关于印发国家环境保护总局职能配置、内设机构和人员编制规定的通知》（国发〔1998〕80 号）中就提出了国家环境保护总局要负责组织编制环境功能区划工作，2008 年之后在《国务院办公厅关于印发环境保护部主要职责、内设机构和人员编制规定的通知》（国办发〔2008〕73 号）、《国务院关于印发全国主体功能区规划的通知》（国发〔2010〕46 号）、《国务院关于加强环境保护重点工作的意见》（国发〔2011〕35 号）、《国家环境保护"十二五"规划》（国发〔2011〕42 号）等一系列文件中都明确提出了编制和实施环境功能区划的具体部署和各项要求。2011 年 12 月，李克强副总理在第七次全国环保大会上明确提出"要结合实施主体功能区规划，编制全国环境功能区划，在重要生态功能区、陆地和海洋生态环境敏感区、脆弱区等区域划定生态红线，履行好环境管理职责"。2013 年 5 月 24 日，习近平总书记在中共中央政治局第六次集体学习时强调"要严格实施环境功能区划，严格按照优化开发、重点开发、限制开发、禁止开发的主体功能定位，在重要生态功能区、陆地和海洋生态环境敏感区、脆弱区，划定并严守生态红线，构建科学合理的城镇化推进格局、农业发展格局、生态安全格局，保障国家和区域生态安全，提高生态服务功能"，这些要求把环境功能区划工作提到了一个新的高度。

第 2 章　环境功能区划方案总体设计

如何准确把握环境功能区划在整个区划体系以及环境区划体系中的关系与定位，对于环境功能区划的制定、执行具有重要的作用。本章提出环境功能区划研究的指导思想、总体目标和基本原则，基于相关理论基础，初步构建环境功能区划框架，阐述环境功能区划体系和环境功能区划制度的特征。

2.1　指导思想

深入贯彻落实科学发展观，大力推进生态文明建设，以保障自然生态环境安全和维护人居环境健康为主线，遵循自然环境的空间分异规律，充分利用区域各项环境资源，统筹协调、综合管理，建立分区管理、分类指导的环境功能区划体系，牢固树立生态红线观念，引导经济社会发展合理布局，促进环境管理科学化、差异化、精细化，提升环境保护参与宏观决策的能力和水平，保障经济社会与生态环境的协调、健康发展。

2.2　总体目标

一是优化国土生态安全格局。按照人口、资源、环境相均衡，经济、社会、生态效益相统一的原则，整体谋划国土空间开发，统筹人口分布、经济布局、国土利用、生态环境保护，科学布局生产空间、生活空间、生态空间，构建科学合理的城镇化发展格局、农业发展格局、生态安全格局，保障国家和区域生态安全。

二是强化人居环境健康维护。引导人口分布和城镇、产业布局与区域环境功能要求相适应，明确水、大气、土壤等环境要素的防控重点，确保环境资源得到集约、节约利用，保障人居环境健康。

三是提高生态系统服务功能。加快恢复重要区域生态功能，增强生态系统稳定性，划定并严守生态红线，保障国家和区域生态安全，提高生态系统服务功能。

四是保障资源开发的环境安全。通过强化环境管控、规范资源开发秩序，落实"点上开发、面上保护"的战略，引导资源开发规模和布局与区域资源环境承载力相协调。

五是构建分区环境管理体系。完善分区生态环境考核评价体系和建立责任追究制度，建立健全资源生态环境管理和国土空间开发保护制度，实现环境管理的差异化和精细化，为国家生态环境安全提供基础性制度保障。

2.3　基本原则

一是综合评价，科学界定。按照区域区位、自然资源和自然环境的自然属性和空间分异规律，根据区域经济社会发展的需要，科学评估人类生存、生活和生产对环境功能的不同需求，以区域主体功能定位为基础，明确区域环境功能的基本定位。

二是结合现状，分类管理。统筹考虑既有相关规划区划的衔接，综合协调水、大气、土壤等环境要素间的相互关系，与已制定和实施的分区管理制度相结合，明确不同环境功能区的战略目标，建立以环境功能区划为基础的环境管理体系，强化行业准入和环保监督管理，通过严格执行环境排放标准，引导企业进一步转型升级。

三是突出主导，优化格局。突出区域主导环境功能，兼顾区域多重环境功能，制定有利于主导环境功能保护的环境管理目标和对策，牢固树立生态红线理念，优化经济社会发展格局，保障国家生态环境安全。

四是全面覆盖，逐级落实。以国家生态安全格局和经济社会战略布局为基础，覆盖全国陆地国土空间及近岸海域，自上而下、逐级落实国家环境分区管理战略。

2.4　相关理论基础

环境功能区划应综合环境要素、生态系统和人类健康等因素，设计系统的框架和尺度控制体系，要统筹考虑众多因素。总体而言，环境功能区划的相关理论基础如下：

一是地域分异规律。不同地区在环境结构、环境状态和使用功能上存在分异，考虑社会经济发展和自然环境的空间分异规律，通过空间分区实现差异性管理。

二是系统科学原理。自然环境是由各个要素组成的整体，各要素不是孤立存在的，要综合分析各要素的特征及其相互作用的方式和过程，将各要素评价综合统筹考虑。

三是主导因素法。每个区域都有多项环境功能，分析各要素之间的关系，找出地区的主要环境功能，并据此进行环境功能区的划分。

2.5　环境功能区划框架

环境功能区划体系是由综合及各专项环境功能区划组成的一个互相联系的多层次系统，主要由按环境要素控制的横向区划体系和按空间尺度控制的纵向区划体系组成。体现从宏观引导到微观落实的系统思想，是一个下级体现上级要求，逐渐融入地方实际情况并逐级细化的过程。在宏观层面以综合引导区划为主，在区域层面以要素控制区划为主。综合环境功能区划是对区域经济、社会、自然的综合调查和各专项环境功能区划成果的有机综合与概括，是整个环境功能区划体系的主体和

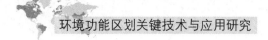

核心。

从环境要素上，可分为大气环境功能区划、水（环境）功能区划、土壤环境功能区划、噪声环境功能区划、生态环境功能区划等。其中，大气、水、土壤、噪声、生态等专项环境功能区划是根据各环境要素的地域分异规律和突出问题，对本要素建立具体的分区管理目标和指标，不同要素功能区划的划分方法、功能类型、空间范围等可能有较大差异。

从空间尺度上，可分为全国环境功能区划、省级（区域、流域）环境功能区划和市县（城镇）环境功能区划等。全国环境功能区划是宏观引导型区划，明确全国范围内区域间主要的特征差异和各自的环境战略，为环境管理宏观决策提供科学依据。对国家主要社会经济布局、生态安全格局、资源开发利用方向的引导，将以综合环境功能区划为主，专项环境功能区划只能对环境管理的某一要素方面提出细化的辅助引导策略。市县（城镇）环境功能区划是微观管理型区划，为具体的环境事务管理服务，有准确的地理单元、功能定位、面积边界等内容。要以专项（大气、水、土壤、噪声、生态等）环境功能区划明确专项环境管理的具体标准和指标类别。地方综合环境功能区划仅在地方尺度作为与其他部门宏观区划衔接的接口。省级（区域、流域）环境功能区划是全国区划和市县区划之间的过渡和衔接，既可以作为宏观引导型区划，侧重明确省域（区域、流域）内各分区主要特征差异和分区环境引导战略；也可以作为微观管理控制区划，对部分规模较大或较重要的环境功能区明确其地理单元、功能定位、面积边界、标准限制等内容，兼顾综合环境功能区划和专项环境功能区划，但是精度要求可以有所不同。

要素区划是综合区划的基础，综合区划是要素区划的指导，同样，下一级区划是上一级区划的基础，上一级区划是下一级区划的指导；各类区划互相衔接、相互参证。在同一区域空间，既存在基于维护国家生态环境安全格局需求的综合引导区划，也存在若干针对要素的功能控制区划。环境功能区划体系科学全面地反映了环境功能的地域差异，为因地制宜地指导人类生产生活服务提供基础，便于在管理实践中建立"分区管理、分类指导"的环境管理制度。环境功能区划体系框架如图 2-1 所示。

2.6 环境功能区划体系的特征

（1）多尺度特征

从空间上看，环境功能区划具有多尺度的特征，具体可从国家层面、区域（流域、海域）层面、城市（农村）层面等大小尺度不一的层面进行划分。这些不同尺度的环境功能区划，区划的方法、范围、作用等也有所不同。如在国家尺度上，重点关注宏观性的引导，区划单元范围相对较大；而在区域尺度（跨省区域、省域、市域），则重点关注具体的要素控制，区划单元范围相对较小。

（2）多要素特征

从环境要素看，环境功能区划具有多要素的特征，如可分为大气环境功能区划、

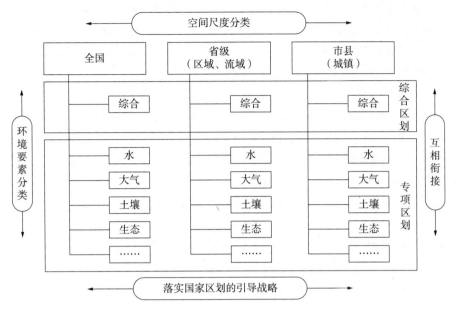

图 2-1 环境功能区划体系框架

水环境功能区划、土壤环境功能区划、噪声环境功能区划、生态环境功能区划等。在不同尺度上的环境功能区划，都存在若干针对环境要素的功能区划方案，不同要素功能区划的划分方法、功能类型、空间范围等可能有较大差异。

（3）多手段特征

无论是从空间尺度上还是从环境要素上，环境功能区划都存在不同的管理目标要求和多政策手段的应用。需要结合不同的环境功能区划体系，提出不同的分区控制目标和要求，建立和完善相应的配套环境管理措施与手段，使区划的作用真正"落到实处"。

2.7 环境功能区划制度的特征

国家环境功能区划制度将作为我国环境保护的一项长期基本制度在环境保护领域执行，其具有约束性、引导性、基础性和长期性4个基本特征。

（1）约束性特征

国家环境功能区划对各级政府、企业、民众的行为具有约束性作用，国家环境功能区划所提出的环境功能分区、功能区环境质量目标、总量控制目标、产业准入要求、环境管理对策等具有法定约束力，任何单位或个人在进行生产、生活活动时都必须严格按照国家环境功能区划的要求执行。

（2）引导性特征

国家环境功能区划对我国的经济建设、社会发展、环境保护等行为以及各单位和个人的生产、生活活动具有明确的导向性。国家环境功能区划通过制定产业准入标准、污染物排放总量控制、排污许可证管理、环境影响评价审核、绿色信贷、绿色保险和绿色证券等手段引导各个环境功能区的生态系统保护与恢复、环境污染预防与治理、产业聚集与转移、人口集中与疏散、资源开发与保护，保障各功能区经济社会良性发展。

（3）基础性特征

国家环境功能区划是我国环境保护工作的基础性工作，环境保护相关的法律法规、政策、规划的制定都必须遵守国家环境功能区划的要求。在国家制定区域环境质量目标、产业准入要求、污染物总量控制目标、环境经济政策等环境保护要求时都必须贯彻国家环境功能区划分区管理、分类指导的环境管理策略，按照国家环境功能区划提出的总体要求制定更为详细的环境保护要求。

（4）长期性特征

国家环境功能区划出台后，我国的环境保护工作将在较长的一段时间内按照区划的要求开展。与此同时，为了应对环境保护局面的不断变化，国家环境功能区划将定期进行修编，以保证分区管理、分类指导的环境保护战略具有时效性。

2.8　环境功能区划与相关部门区划的关系与衔接

环境功能区划作为一种结合环境、经济、社会等多重因素的区划，与自然地理综合区划、综合经济区划等有着密切联系，定位于为相应职能部门服务，作为部门区划与其他相关部门区划衔接。

一方面，尽管环境功能区划主要强调改善区域环境质量、维护区域环境安全，但最终目的是实现环境保护与经济社会发展相协调。其他部门专业区划，无论是农业、林业、土壤、公路或经济等区划，或多或少都会涉及自然资源利用和生态环境问题，因此环境区划要对各部门制定的区划形成指导，成为其他部门区划制定的重要基础，是一项重要的综合性区划。例如，海洋功能区划的制定需要考虑不同海域环境质量和海洋生态服务功能；水功能区划需要考虑不同水体的环境质量和水生态功能；洪水灾害危险程度区划需要考虑不同区域的生态调节功能等。另一方面，由于环境系统本身的开放性和关联性，其具有自然、经济和社会属性的特点，环境区划的制定必然与农业、林业、土壤、经济等其他部门专业区划相关联并形成制约，不可能脱离部门区划而单独进行区域划分，环境区划与其他部门专业区划是相辅相成的。

自然地理区划、经济区划、行政区划等各类不同的区划在我国已有广泛的实践，其区划的理论基础、指导思想、思路设计、原则选定、依据确立、方法选择等方面都为我们开展环境功能区划提供了很好的参考和借鉴。

第二篇　环境功能区划技术与方法

本篇从环境功能的内涵出发，确定了环境功能基本类型，分析了环境功能基本类型与主体功能区的相互关系，提出了环境功能区评价指标体系和区划技术方法，建立了环境功能评价指标体系，开展了全国范围的环境功能评价。根据评价结果，参照全国主体功能区规划等相关区划成果，将区域划分为不同的环境功能类型区，明确了环境功能区空间划分的条件。

第3章　环境功能与类型区界定

本章根据环境功能和环境功能区划的内涵，将环境按照其功能特性划分为具有科学性、可操作性的环境功能类型。划分的结果要充分、直接地反映环境功能的确切含义，环境功能的内涵是整个环境功能区划的根本。

3.1　内涵界定

3.1.1　环境功能的内涵

环境一般是指影响人类生存、发展的各种天然的和经过人工改造的自然因素的总体，包括大气、水、海洋、土地、矿藏、森林、草原、野生生物、自然遗迹、人文遗迹、城市和乡村等。环境的属性具有健康保障和资源供给两方面。本书重点关注环境为人类生存发展提供清洁的水、干净的空气、稳定的自然生态系统等健康保障属性。

环境功能是指环境各要素及其构成的系统为人类生存、生活和生产所提供的环境服务的总称，包括维护人居环境健康和保障自然生态安全两个方面。一方面保障与人体直接接触的各环境要素的健康，即维护人居环境健康；另一方面保障自然系统的安全和生态调节功能的稳定发挥，构建人类社会经济活动的生态环境支撑体系，即保障自然生态安全。

3.1.2　环境功能区的内涵

环境功能区是主体功能区战略关于生态环境保护领域政策要求的延伸，是以《全国主体功能区规划》为依据，考虑不同地区在生态环境结构、状态和功能上的差异，结合经济社会发展战略布局，合理确定环境功能并执行相应环境管理要求的区域。

3.1.3　环境功能区划的内涵

环境功能区划是生态环境保护决策在空间上的具体安排，遵循自然环境的空间分异规律，坚持节约优先、保护优先、自然恢复为主的方针，按照优化开发、重点开发、限制开发、禁止开发的主体功能定位，划分不同的环境功能区，建立分区管理、分类指导的环境功能区划体系，分区制定环境功能的保护、恢复、修复和合理利用措施，实现环境资源的合理配置，促进我国经济社会和环境保护的协调发展。

3.2 环境功能类型区的划分

基于环境系统的"安全或健康"功能属性，进一步将环境各要素及其构成的系统为人类生存、生活和生产提供的各种环境服务归纳为两种类型：一种类型保障自然系统的安全和生态调节功能的稳定发挥，构建人类社会经济活动的生态安全格局，即保障自然生态安全；另一种类型保障与人体直接接触的各环境要素的健康，如空气的洁净、饮水的清洁、食品的卫生等，即维护人群环境健康。

保障自然生态安全方面：服务于保障区域自然本底状态，维护珍稀物种的自然繁衍，保留可持续生存发展空间的，划为自然生态保留区，包括有代表性的自然保护区、有特殊价值的自然文化遗迹以及未受大规模人类活动影响留作未来可持续发展的地区；服务于保障水源涵养、水土保持、防风固沙、维持生物多样性等生态调节功能的稳定发挥，保障区域生态安全的，划为生态功能保育区，包括生态系统重要或者区域生态调节功能重要、关系全国或较大范围区域的生态安全的区域。

维护人群环境健康方面：服务于保障粮食、油料、蔬菜等主要农产品主要产地的环境安全的，划为食物环境安全保障区，我国人多地少、土壤污染比较严重，现在及未来的粮食（畜牧、水产）主要产区，食物安全保障功能需要特别关注；服务于保障人口密度较高、城市化水平较高地区集居人群的饮水安全、空气清洁等居住环境的健康的，划为聚居环境维护区，在目前和未来城镇化和工业化水平较高、发展潜力较大的地区，聚居环境维护功能最为重要；服务于矿产资源开发的环境维护，保障周边区域的环境安全的，划为资源开发环境引导区，如人类社会经济所需的各类矿产与能源储量丰富且具备较好的开发条件，可引导资源开发活动，保障区域环境安全的地区。

3.3 环境功能类型区及亚类

3.3.1 一级环境功能区

基于上述环境功能区类型的考虑，全国环境功能区分为：Ⅰ自然生态保留区、Ⅱ生态功能保育区、Ⅲ食物环境安全保障区、Ⅳ聚居环境维护区和Ⅴ资源开发环境引导区 5 个类型。

Ⅰ自然生态保留区是指服务于保障区域自然本底状态、维护珍稀物种的自然繁衍、保留可持续发展环境空间的区域。包括有代表性的自然保护区、有特殊价值的自然文化遗迹以及未受大规模人类活动影响、留作未来可持续发展的地区。

Ⅱ生态功能保育区是指生态系统十分重要，保障水源涵养、水土保持、防风固沙、维持生物多样性等生态调节功能稳定发挥，保障区域生态安全的区域。

Ⅲ食物环境安全保障区是指服务于保障粮食、畜牧、水产等农副产品的主要产地的环境安全的区域。包括现在及未来的粮食、畜牧、水产的主要产区。

Ⅳ聚居环境维护区是指服务于保障人口密度较高、城市化水平较高地区的饮水安全、空气清洁等居住环境健康的区域。包括目前城镇化和工业化水平较高和未来城镇化和工业化发展潜力较大的地区。

Ⅴ资源开发环境引导区是指服务于能源、矿产资源开发的环境维护，保障周边地区环境安全的区域。包括矿产与能源资源储量丰富、具备较好开发条件的区域。

3.3.2　二级环境功能区

在各类环境功能类型区内，根据环境功能的体现形式差异或环境管理要求差异，划分二级环境功能区，形成若干亚类。

①自然生态保留区根据保护等级进一步划分为自然资源保留区和后备保留区。

②生态功能保育区根据生态功能类型进一步划分为水源涵养区、水土保持区、防风固沙区和生物多样性保护区。

③食物环境安全保障区根据主要产品种类和环境管理特点进一步划分为粮食及优势农产品环境安全保障区、畜产品环境安全保障区和水产品环境安全保障区。

④聚居环境维护区根据环境质量本底、污染排放份额和环境监管手段等因素进一步划分为环境优化区、聚居环境维持区和环境治理区。

⑤资源开发环境引导区不划分二级环境功能区。

3.4　环境功能类型区的功能定位和特点

自然生态保留区服务于保障自然生态系统安全和可持续发展的环境空间，生态功能保育区服务于保障区域主体生态功能稳定，食物环境安全保障区服务于保障主要食物生产地环境安全，聚居环境维护区服务于保障主要人口集聚区环境健康，资源开发环境引导区服务于保障区域环境安全。在自然生态保留区和生态功能保育区内应划定生态红线，对重要生态系统和生态服务功能加以保护。

从人类活动强度和区域环境质量来讲，各类环境功能类型区有一定的递进关系：区域人类活动强度越低，受人类活动的影响程度越小，自然生态保留区和生态功能保育区的价值越高，环境质量现状越好，也要求更加严格地控制人类活动的影响；区域人类活动强度越高的城镇化、工业化地区，污染物排放的种类和总量越高，对聚居环境维护的需求越高。各类环境功能类型区功能定位、人类扰动强度和环境质量状况如表3-1所示。

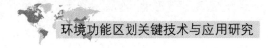

表 3 - 1 环境功能类型区的特征

分级	分类	功能定位	人类活动扰动强度	环境质量
Ⅰ类区	自然生态保留区	服务于保障自然生态系统和可持续生存与发展的环境空间	最低	最优
Ⅱ类区	生态功能保育区	服务于保障区域主体生态功能稳定	较低	较优
Ⅲ类区	食物环境安全保障区	服务于保障主要食物生产地环境安全	一般	一般
Ⅳ类区	聚居环境维护区	服务于保障主要人口集聚区环境健康	单位面积较高	一般
Ⅴ类区	资源开发环境引导区	服务于保障区域环境安全	单位面积最高	局部最差

第4章 环境功能评价指标体系研究

本章综合考虑区域保障自然生态安全能力、维护人群环境健康能力和环境支撑能力等三方面因素，构建环境功能评价指标体系，分析不同区域的环境功能空间识别规律，为确定不同区域的环境功能以及提出全国环境功能区划方案奠定基础。

4.1 环境功能评价技术路线

区域的环境功能是多重环境功能的综合体，但必有一种主体功能。环境功能评价就是从环境功能的内涵出发，综合考虑区域背景（自然条件、社会经济发展和生态环境状况），分析环境功能与经济社会的关系，在指标体系的定量评价的基础上，再根据未来发展需求和相关规划等进行定性评价的修正，参照全国主体功能区规划等相关区划方法成果，评价区域体现的主要环境功能，并把区域划分为不同的环境功能类型区，明确区域环境功能实现所必需的条件。

通过指标可获取性分析、空间自相关性分析、聚类分析、稳定性分析、系统性分析等一系列科学筛选和梳理的过程，从区域环境支撑条件（污染物排放、环境质量等）、资源利用效率（单位 GDP 能耗、单位 GDP 水耗）、社会经济发展（人口密度、城镇化率、工业经济密度、农业经济密度等）、生态自然条件（林草覆盖率、生态脆弱性、生态重要性等）、食物保障重要性（粮食产量、畜牧产品产量、水产品产量等）等方面建立区域环境功能评价指标体系。对每一个空间单元就每一个具体指标进行标准化分级打分，并根据指标项的内在含义及指标之间的相互关系，将分项指标项综合归纳为一个综合指数。选择环境支撑指标，对区域发展类指标进行修正，再与区域生态保育类指标进行比较（相减），分值之差越高的地区地域功能越偏向于以发展为主体的环境功能区，反之则偏向于以生态保育为主体的功能区。把食物保障重要性指标作为优先考虑因素，当与其他类型重叠时优先考虑食物安全的重要性。

根据环境功能评价指标体系，以区县为单元进行定量评价之后，每个单元都相应地有一个赋值，再根据自然地理区划和生态区划的自然边界对行政边界评价结果进行修正。考虑赋值特殊因子（如生态环境的重要程度、食物保障重要性、依法强制保护地区等），依据相关规划对布局未来社会经济发展，对区域不同环境功能类型进行综合评价，识别主体环境功能类型区。

4.2 环境功能评价指标体系

从保障自然生态安全、维护人群环境健康和区域环境支撑能力三个方面，构建环境功能评价指标体系。

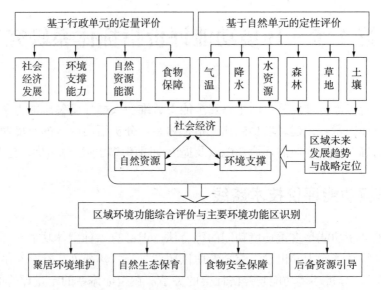

图 4-1　环境功能综合评价与环境功能区识别技术路线

表 4-1　环境功能评价指标体系

一级指标	二级指标	三级指标	基础指标
自然生态安全指数	生态系统敏感性指数	沙漠化敏感性	湿润指数
			冬春季风速大于 6m/s 的天数
			土壤质地
			植被覆盖率（冬春）
		土壤侵蚀敏感性	降水侵蚀力
			土壤质地
			地形起伏度
			植被类型
		石漠化敏感性	喀斯特地形
			坡度
			植被覆盖率
		土壤盐渍化敏感性	蒸发量/降水量
			地下水矿化度
			地形
	生态系统服务功能重要性指数	水源涵养重要性	城市水源地
			农灌取水区
			洪水调蓄

一级指标	二级指标	三级指标	基础指标
自然生态安全指数	生态系统服务功能重要性指数	水土保持重要性	1～2 级河流及大中城市主要水源水体
			3 级河流及小城市水源水体
			4～5 级河流
		防风固沙重要性	半流动沙地
			半固定沙地
			流动沙地
			固定沙地
		生物多样性保护重要性	生态系统或物种占全区域物种数量比例
			优先生态系统，或物种数量比例＞30％
			物种数量比例 15％～30％
			物种数量比例 5％～15％
			物种数量比例＜5％
			国家与省级保护物种
			国家一级保护物种
			国家二级保护物种
			其他国家级与省级保护物种
			无保护物种
人群环境健康指数	人口集聚度指数	人口密度	总人口
			土地面积
		人口流动强度	暂住人口
	经济发展水平指数	人均 GDP	GDP
		GDP 增长率	近 5 年的 GDP
区域环境支撑能力指数	环境容量指数	大气环境容量	区域总量控制系数
			大气环境质量标准
			污染物背景深度
			功能区面积
			建成区面积
		水环境容量	功能区的目标浓度
			污染物的本底浓度
			可利用地表水资源量
			污染物综合降解系数
		承载能力	污染物的环境容量
			污染物的排放量

一级指标	二级指标	三级指标	基础指标
区域环境支撑能力指数	环境质量指数	大气环境质量	二氧化硫污染指数
			氮氧化物污染指数
			总悬浮颗粒物污染指数
		地表水环境质量	Ⅰ～Ⅲ类水质比例
			劣Ⅴ类水质比例
		土壤环境质量	重金属土壤污染指数
			有机物土壤污染指数
	污染物排放指数	水污染物排放指数	化学需氧量排放强度
			氨氮排放强度
		大气污染物排放指数	二氧化硫排放强度
			氮氧化物排放强度
	可利用土地资源指数	可利用土地资源	适宜建设用地面积
			已有建设用地面积
			基本农田面积
	可利用水资源指数	地表水可利用量	多年平均地表水资源量
			河道生态需水量
			不可控制的洪水量
		地下水可利用量	与地表水不重复的地下水资源量
			地下水系统生态需水量
			无法利用的地下水量
		已开发利用水资源量	农业用水量
			工业用水量
			生活用水量
			生态用水量
		入境可开发利用水资源潜力	现状入境水资源量
			分流域取值范围

4.3　环境功能评价方法

4.3.1　自然生态安全指数

保障自然生态安全是指保障区域自然系统的安全和生态调节功能的稳定发挥，可用生态系统敏感性指数和生态系统服务功能重要性指数描述。自然生态安全指数（P_1）计算方法如下：

$$P_1 = \max\left\{\left[\text{生态系统敏感性指数}\right], \left[\text{生态系统服务功能重要性指数}\right]\right\} \quad (4-1)$$

式中：　　[生态系统敏感性指数]——生态系统对区域中各种自然和人类活动干扰的敏感程度，它反映的是区域生态系统在受到干扰时，发生生态环境问题的难易程度和可能性的大小。生态系统敏感性评价内容主要包括土壤侵蚀敏感性、沙漠化敏感性、土壤盐渍化敏感性和石漠化敏感性等；

[生态系统服务功能重要性指数]——区域各类生态系统的生态服务功能及其对区域可持续发展的作用与重要性。生态系统服务功能重要性评价选择生物多样性维持与保护、土壤保持、水源涵养、防风固沙等因素。

4.3.1.1　生态系统敏感性指数

[生态系统敏感性]＝max {[沙漠化敏感性]，[土壤侵蚀敏感性]，[石漠化敏感性]，[土壤盐渍化敏感性]}　　　　　　　　　　　（4－2）

计算说明：采用公里网格的沙漠化敏感性分级、土壤侵蚀敏感性分级、石漠化敏感性分级和土壤盐渍化敏感性分级数据，根据沙漠化、土壤侵蚀、石漠化和土壤盐渍化敏感性分级标准，实现生态环境问题敏感性单因子分级。对分级的生态环境单因子图进行复合，判断敏感生态系统出现的公里网格生态系统敏感类型是单一型还是复合型。对单一型生态系统敏感类型区域，根据其生态环境问题敏感性程度确定生态系统敏感性程度；对复合型生态系统敏感类型区域，采用最大敏感性因素确定为生态系统敏感性的主导因素，根据主导因素的生态环境问题敏感性程度确定生态系统敏感性程度。根据公里网格的生态系统敏感性程度分析结果，确定区域生态系统敏感性，生态系统敏感性程度划分为敏感、较敏感、一般敏感、略敏感、不敏感五级。

数据来源：计算所用数据参考《中国生态功能区划》。

（1）沙漠化敏感性评价

可以用湿润指数、土壤质地及起风沙的天数等来评价区域沙漠化敏感性程度，具体指标与分级标准见表4－2。

表4－2　沙漠化敏感性分级指标

指标	不敏感	轻度敏感	中度敏感	高度敏感	极敏感
湿润指数	＞0.65	0.50～0.65	0.20～0.50	0.05～0.20	＜0.05
冬春季风速大于 6m/s 的天数/天	＜15	15～30	30～45	45～60	＞60
土壤质地	基岩	黏质	砾质	壤质	沙质
植被覆盖（冬春）	茂密	适中	较少	稀疏	裸地
分级赋值（D）	1	3	5	7	9
分级标准（DS）	1.0～2.0	2.1～4.0	4.1～6.0	6.1～8.0	＞8.0

沙漠化敏感性指数计算方法：

$$DS_j = \sqrt[4]{\prod_{i=1}^{4} D_i} \qquad\qquad (4-3)$$

式中：DS_j——j 空间单元沙漠化敏感性指数；

　　　D_i——i 因素敏感性等级值。

（2）土壤侵蚀敏感性评价

土壤侵蚀敏感性评价是为了识别容易形成土壤侵蚀的区域，评价土壤侵蚀对人类活动的敏感程度。可以运用通用土壤侵蚀方程进行评价，包括降水侵蚀力（R）、土壤质地因子（K）、坡度坡向因子（LS）与地表覆盖因子（C）4 个因素。也可以直接运用水利部发布的《土壤侵蚀分类分级标准》（SL 190—2007）中的方法与标准。根据目前对中国土壤侵蚀和有关生态环境研究的资料，确定影响土壤侵蚀的各因素的敏感性等级（表 4-3）。

表 4-3　土壤侵蚀敏感性分级指标

指标	不敏感	轻度敏感	中度敏感	高度敏感	极敏感
降水侵蚀力	<25	25～100	100～400	400～600	>600
土壤质地	石砾、沙	粗砂土、细砂土、黏土	面砂土、壤土	砂壤土、粉黏土、壤黏土	砂粉土、粉土
地形起伏度/m	0～20	21～50	51～100	101～300	>300
植被类型	水体、草本沼泽、稻田	阔叶林、针叶林、草甸、灌丛和萌生矮林	稀疏灌木草原、一年二熟粮作、一年水旱两熟	荒漠、一年一熟粮作	无植被
分级赋值（C）	1	3	5	7	9
分级标准（SS）	1.0～2.0	2.1～4.0	4.1～6.0	6.1～8.0	>8.0

土壤侵蚀敏感性指数计算方法：

$$SS_j = \sqrt[4]{\prod_{i=1}^{4} C_i} \qquad\qquad (4-4)$$

式中：SS_j——j 空间单元土壤侵蚀敏感性指数；

　　　C_i——i 因素敏感性等级值。

（3）石漠化敏感性评价

石漠化敏感性主要根据其是否为喀斯特地形及其坡度与植被覆盖率来确定（表 4-4）。

表 4-4　石漠化敏感性评价指标

指标	不敏感	轻度敏感	中度敏感	高度敏感	极敏感
喀斯特地形	不是	是	是	是	是
坡度/（°）	—	<15	15～25	25～35	>35
植被覆盖率/%	—	>70	50～70	20～30	<20

（4）土壤盐渍化敏感性评价

土壤盐渍化敏感性是指旱地灌溉土壤发生盐渍化的可能性。在盐渍化敏感性评价中，首先应用地下水临界深度（即在一年中蒸发最强烈季节不致引起土壤表层开始积盐的最浅地下水埋藏深度），划分敏感与不敏感地区（表4-5），再运用蒸发量/降水量、地下水矿化度与地形等指标划分敏感性等级。具体指标与分级标准参见表4-6。

表4-5　临界水位深度　　　　　　　　　　　　　单位：m

地区	轻沙壤	轻沙壤夹黏质	黏质
黄淮海平原	1.8～2.4	1.5～1.8	1.0～1.5
东北地区	2.0		
陕晋黄土高原	2.5～3.0		
河套地区	2.0～3.0		
干旱荒漠区	4.0～4.5		

表4-6　土壤盐渍化敏感性评价指标

指标	不敏感	轻度敏感	中度敏感	高度敏感	极敏感
蒸发量/降水量	＜1	1～3	3～10	10～15	＞15
地下水矿化度/（g/L）	＜1	1～5	5～10	10～25	＞25
地形	山区	洪积平原、三角洲	泛滥冲积平原	河谷平原	滨海低平原、闭流盆地
分级赋值（S）	1	3	5	7	9
分级标准（YS）	1.0～2.0	2.1～4.0	4.1～6.0	6.1～8.0	＞8.0

土壤盐渍化敏感性指数计算方法：

$$YS_j = \sqrt[3]{\prod_i^3 S_i}$$
　　　　　　　　　　　　　　　　　　（4-5）

式中：YS_j——j 空间单元土壤盐渍化敏感性指数；

　　　　S_i——i 因素敏感性等级值。

4.3.1.2　生态系统服务功能重要性指数

[生态系统服务功能重要性]＝max ｛[水源涵养重要性]，[水土保持重要性]，

[防风固沙重要性]，[生物多样性保护重要性]｝

　　　　　　　　　　　　　　　　　　　　　　　　　　（4-6）

计算说明：采用公里网格的水源涵养重要性、水土保持重要性、防风固沙重要性、生物多样性保护重要性分级数据，根据生态重要性单因子分级标准，实现生态重要性单因子分级。对生态系统服务功能重要性单因子分级图进行复合，判断重要生态系统出现的公里网格生态系统重要类型是单一型还是复合型。对单一型生态系统重要类型，根据其单因子重要性确定生态重要程度；对复合型生态系统重要类型，

采用最大重要性因素确定为生态系统服务功能重要性指标。根据公里网格的生态重要性程度分级结果，进行生态重要分级，生态重要性程度划分为重要性高、重要性较高、重要性中等、重要性较低和不重要性。

数据来源：计算所用数据参考《中国生态功能区划》。

（1）水源涵养重要性评价

区域生态系统水源涵养的生态重要性在于整个区域对评价地区水资源的依赖程度及洪水调节作用。因此，可以根据评价地区在对区域城市流域所处的地理位置以及对整个流域水资源的贡献来评价。分级指标参见表4-7。

表4-7　水源涵养重要性分级指标

类型	干旱区	半干旱区	半湿润区	湿润区
城市水源地	极重要	极重要	极重要	极重要
农灌取水区	极重要	极重要	中等重要	不重要
洪水调蓄	不重要	不重要	中等重要	极重要

（2）水土保持重要性评价

水土保持重要性的评价在考虑土壤侵蚀敏感性的基础上，分析其可能造成的对下游河流和水资源的危害程度，分级指标参见表4-8。

表4-8　水土保持重要性分级指标

影响水体	不敏感	轻度敏感	中度敏感	高度敏感	极敏感
1～2级河流及大中城市主要水源水体	不重要	中等重要	极重要	极重要	极重要
3级河流及小城市水源水体	不重要	较重要	中等重要	中等重要	极重要
4～5级河流	不重要	不重要	较重要	中等重要	中等重要

（3）防风固沙重要性评价

防风固沙重要性分级指标见表4-9。

表4-9　防风固沙重要性分级指标

生态系统类型	沙漠化程度	防风固沙重要性
森林生态系统	半流动沙地	高
草原生态系统	半固定沙地	高
草甸生态系统	流动沙地	较高
荒漠生态系统		
湿地生态系统	固定沙地	中等

（4）生物多样性保护重要性评价

主要是评价区域内各地区对生物多样性保护的重要性，重点评价生态系统与物种保护的重要性。

地区生物多样性保护重要性评价指标参照表 4－10。

表 4－10　生物多样性保护重要性分级指标（一）

生态系统或物种占全省物种数量比例	重要性
优先生态系统，或物种数量比例＞30％	极重要
物种数量比例 15％～30％	中等重要
物种数量比例 5％～15％	比较重要
物种数量比例＜5％	不重要

也可以根据重要保护物种地分布，即评价地区国家级与省级保护对象的数量来评价生物多样性保护的重要性，参照表 4－11。

表 4－11　生物多样性保护重要性分级指标（二）

国家级与省级保护物种	重要性
国家一级保护物种	极重要
国家二级保护物种	中等重要
其他国家级与省级保护物种	比较重要
无保护物种	不重要

4.3.2　人群环境健康指数

维护人群环境健康是指保障与人体直接接触的各环境要素的健康，可用人口集聚度和经济发展水平描述区域经济社会发展状况以及对维护人群环境健康方面环境功能的需求程度；维护人群环境健康指数（P_2）计算方法如下：

$$P_2=\sqrt{\frac{1}{2}\left(\left[人口集聚度指数\right]^2+\left[经济发展水平指数\right]^2\right)} \quad (4-7)$$

式中：［人口集聚度指数］——一个地区现有人口集聚程度，通过人口密度和人口流
动强度等指标进行评价；

　　　　［经济发展水平指数］——一个地区经济发展现状和增长活力，通过人均 GDP
和地区 GDP 增长率等指标进行评价。

4.3.2.1　人口集聚度指数

$$［人口集聚度］　＝［人口密度］×d（［人口流动强度］） \quad (4-8)$$
$$［人口密度］　＝［总人口］/［土地面积］ \quad (4-9)$$
$$［人口流动强度］＝（［暂住人口］/［总人口］）×100\% \quad (4-10)$$

式中：　　　［总人口］——各评价单元的常住人口总数；

　　　　［暂住人口］——评价单元内暂住半年以上的流动人口；

d（［人口流动强度］）——评价单元内人口流动的强弱程度，根据评价单元内暂住人
口占常住总人口的比重分级状况取值。当人口流动强度＜

5%时，$d=1$；当 5%＜人口流动强度＜10%时，$d=3$；当 10%＜人口流动强度＜20%时，$d=5$；当 20%＜人口流动强度＜30%时，$d=7$；当人口流动强度＞30%时，$d=9$。

计算说明：计算评价单元的人口集聚度；在 GIS 制图软件功能支持下，将人口集聚度指标值由高值样本区向低值样本区依次按样本数的分布频率自然分等；按照人口集聚度高低差异，依次划分为 5 个等级。

数据来源：计算所用数据取自各统计年鉴等。

4.3.2.2 经济发展水平指数

$$[经济发展水平] = [人均 GDP] \times k_{[GDP增长率]} \tag{4-11}$$

$$[人均 GDP] = [GDP] / [总人口] \tag{4-12}$$

$$[GDP 增长率] = ([GDP_{i+5}] / [GDP_i])^{1/5} - 1 \tag{4-13}$$

式中：[GDP 增长率]——近 5 年各评价单元 GDP 的增长率；

$k_{[GDP增长率]}$——GDP 增长率系数，根据评价单元的 GDP 增长率分级状况取值。

计算说明：计算评价单元的经济发展水平；在 GIS 制图软件功能支持下，将经济发展水平指标值从高值样本区向低值样本区依次按样本数的分布频率自然分等；按照经济发展水平高低差异，依次划分为 5 个等级，按照 1～5 系数赋值。

数据来源：计算所用数据取自各统计年鉴等。

4.3.3 区域环境支撑能力指数

重点考虑那些对开发地区最为重要的资源和环境指标。一些不能通过贸易方式获得、不可移动、难以再生的资源更显重要，如土地资源和水资源。经济社会发展所需的区域环境支撑能力可用环境容量指数、环境质量指数、污染物排放指数、可利用土地资源指数和可利用水资源指数描述，表示维护人群环境健康方面环境功能的供给程度。区域环境支撑能力系数（K）计算方法如下：

$$K = f \left(\frac{\min \{ [可利用土地资源]，[可利用水资源]，[环境质量] \}}{\max \{ [污染排放]，[环境容量] \}} \right) \tag{4-14}$$

式中：[环境容量]——在人类生存和自然生态系统不受威胁的前提下，某一环境所能容纳的污染物最大负荷量。区域环境容量选择大气环境容量和水环境容量等因素进行评价；

[环境质量]——表述环境优劣程度，指在一个具体的环境中，环境总体或某些要素对人群健康、生存和繁衍以及社会经济发展适宜程度的量化表达。环境质量通过区域的大气环境质量、地表水环境质量和土壤环境质量等因素进行评价；

[污染排放]——一个地区排入环境或其他设施的污染物情况。污染物排放选择大气污染物排放压力和水污染物排放压力等因素进行评价；

［可利用土地资源］——一个地区剩余或潜在可利用的土地资源对未来人口集聚、工业化和城镇化发展的承载力。可利用土地资源选择适宜建设用地面积、已有建设用地面积、基本农田面积等因素进行评价；

　［可利用水资源］——一个地区剩余或潜在可利用水资源对未来社会经济发展的支撑能力。可利用水资源选择地表水可利用量、地下水可利用量、已开发利用水资源量及入境可开发利用水资源潜力等因素进行评价。

4.3.3.1　环境容量指数

$$［环境容量］＝\max\{［大气环境容量］，［水环境容量］\} \tag{4-15}$$

（1）大气环境容量的计算

$$［大气环境容量］＝A（C_{ki}-C_0）\cdot\frac{S_i}{\sqrt{S}} \tag{4-16}$$

式中：A——地理区域总量控制系数，根据评价区域的地理位置和《制定地方大气污染物排放标准的技术方法》（GB/T 3840—91）确定；

　　C_{ki}——国家或者地方关于大气环境质量标准中所规定的与第 i 类功能区类别一致的相应的污染物年日平均浓度，$\mathrm{mg/m^3}$；

　　C_0——背景深度，在有清洁监测点的区域，以该点的监测数据为污染物的背景浓度 C_0，在无条件的区域，背景浓度 C_0 可以假设为 0；

　　S_i——第 i 类功能区面积，$\mathrm{km^2}$；

　　S——评价单元的建成区面积，$\mathrm{km^2}$。

数据来源：《制定地方大气污染物排放标准的技术方法》（GB/T 3840—91）、《环境空气质量标准》（GB 3095—2012）、各评价单元环境质量公报、大气环境功能区划、统计年鉴等。

（2）水环境容量的计算

$$［水环境容量］＝Q_i\cdot（C_i-C_{i0}）+kC_iQ_i \tag{4-17}$$

式中：Q_i——第 i 功能区可利用地表水资源量；

　　C_i——第 i 功能区的污染物目标浓度；

　　C_{i0}——第 i 种污染物的本底浓度，无监测条件的区域，该参数可以假设为 0；

　　k——污染物综合降解系数，参考一般河道水质降解系数。

数据来源：地区水功能区划、环境质量公报、水资源公报。

（3）承载能力的计算

特定污染物的环境容量承载能力指数 a_i 计算公式：

$$a_i＝\frac{P_i-G_i}{G_i} \tag{4-18}$$

式中：a_i——i 污染物的环境容量承载能力指数；

　　G_i——i 污染物的环境容量；

P_i——i 污染物的排放量。

计算说明：按照数值的自然分布规律，对单因素环境容量承载能力指数（a_i）进行等级划分，分别是无超载（$a_i \leqslant 0$）、轻度超载（$0 < a_i \leqslant 1$）、中度超载（$1 < a_i \leqslant 2$）、重度超载（$2 < a_i \leqslant 3$）和极超载（$a_i > 3$）。将主要污染物（SO_2、NO_2、化学需氧量、氨氮）的承载等级分布图进行空间叠加，取最高的等级为综合评价等级，评价等级分为 5 级。

数据来源：环境质量公报等。

4.3.3.2 环境质量指数

[环境质量指数] ＝ min { [大气环境质量]，[地表水环境质量]，[土壤环境质量] }

（4－19）

计算说明：根据水环境、大气环境和土壤环境质量监测数据，对地表水环境质量、大气环境质量和土壤环境质量达标情况进行评价，以达标情况较差的那项质量指标作为评价单元环境质量指数，根据环境质量达标程度划分为优、良好、轻度污染、中度污染和重度污染 5 级。

数据来源：环境质量公报、环境质量报告书等。

（1）大气环境质量评价

大气环境质量用空气污染指数（API）表示。

API＝max { [二氧化硫污染指数]，[氮氧化物污染指数]，[总悬浮颗粒物污染物指数] }

（4－20）

大气环境质量参照表 4－12 进行评价。

表 4－12　大气环境质量评价

API 取值	空气质量状况
<50	优
51～100	良好
101～150	轻微污染
151～200	轻度污染
201～300	中度污染
>300	重度污染

（2）地表水环境质量评价

河流、流域（水系）水质评价：当河流、流域（水系）的断面总数少于 5 个时，计算河流、流域（水系）所有断面各评价指标浓度算术平均值，然后按照表 4－13 评价。

表 4 - 13　断面水质定性评价

水质类别	水质状况
Ⅰ类、Ⅱ类水质	优
Ⅲ类水质	良好
Ⅳ类水质	轻度污染
Ⅴ类水质	中度污染
劣Ⅴ类水质	重度污染

当河流、流域（水系）的断面总数在 5 个（含 5 个）以上时，采用断面水质类别比例法，即根据评价河流、流域（水系）中各水质类别的断面数占河流、流域（水系）所有评价断面总数的百分比来评价其水质状况。河流、流域（水系）的断面总数在 5 个（含 5 个）以上时不作平均水质类别的评价。河流、流域（水系）水质类别比例与水质定性评价分级的对应关系见表 4 - 14。

表 4 - 14　河流、流域（水系）水质定性评价

水质类别	水质状况
Ⅰ～Ⅲ类水质比例≥90%	优
75%≤Ⅰ类～Ⅲ类水质比例＜90%	良好
Ⅰ～Ⅲ类水质比例＜75%，且劣Ⅴ类水质比例＜20%	轻度污染
Ⅰ～Ⅲ类水质比例＜75%，且20%≤劣Ⅴ类水质比例＜40%	中度污染
Ⅰ～Ⅲ类水质比例＜60%，且劣Ⅴ类水质比例≥40%	重度污染

（3）土壤环境质量评价

土壤环境质量利用土壤污染指数（SPI）衡量。

$$\text{SPI} = \frac{\sum P_i}{i} \qquad (4-21)$$

$$P_i = \frac{C_i}{S_i} \qquad (4-22)$$

式中：P_i——第 i 类土壤污染物单因子土壤污染程度；

C_i——第 i 类土壤污染物浓度的实测值；

S_i——第 i 类土壤污染物的评价标准。

4.3.3.3　污染物排放指数

［污染物排放指数］＝max｛［水污染物排放指数］，［大气污染物排放指数］｝

$$(4-23)$$

［水污染物排放指数］＝max｛［化学需氧量排放强度］，［氨氮排放强度］｝

$$(4-24)$$

［大气污染物排放指数］＝max｛［二氧化硫排放强度］，［氮氧化物排放强度］｝

$$(4-25)$$

计算说明：根据区域大气、水环境主要污染物排放情况，按照排放较大的那一项指标值，选取为表征区域污染物排放指数，根据污染物排放强度换算污染物排放等级。

数据来源：统计年鉴、环境质量公报、环境质量报告书等。

4.3.3.4 可利用土地资源指数

$$[人均可利用土地资源]=[可利用土地资源]/[常住人口] \qquad (4-26)$$

$$[可利用土地资源]=[适宜建设用地面积]-[已有建设用地面积]-[基本农田面积] \qquad (4-27)$$

$$[适宜建设用地面积]=[地形坡度及海拔高度符合要求的面积]-[所含河湖库等水域面积]-[所含林草地面积]-[所含沙漠戈壁面积] \qquad (4-28)$$

$$[已有建设用地面积]=[城镇用地面积]+[农村居民点用地面积]+[独立工矿用地面积]+[交通用地面积]+[特殊用地面积]+[水利设施建设用地面积] \qquad (4-29)$$

$$[基本农田面积]=[适宜建设用地面积内的耕地面积]\times\beta$$
$$\beta 为[0.8,1.0] \qquad (4-30)$$

计算说明：按指标计算方法的要求和所需参量进行评价单元数据的提取和计算。按指标计算方法计算可利用土地资源，进行丰度分级：丰富、较丰富、中等、较缺乏、缺乏。

数据来源：地区统计年鉴、土地利用总体规划、城市总体规划等。

4.3.3.5 可利用水资源指数

$$[人均可利用水资源潜力]=[可利用水资源潜力]/[常住人口] \qquad (4-31)$$

$$[可利用水资源潜力]=[本地可开发利用水资源量]-[已开发利用水资源量]+[可开发利用入境水资源量] \qquad (4-32)$$

$$[本地可开发利用水资源量]=[地表水可利用量]+[地下水可利用量] \qquad (4-33)$$

$$[地表水可利用量]=[多年平均地表水资源量]-[河道生态需水量]-[不可控制的洪水量] \qquad (4-34)$$

$$[地下水可利用量]=[与地表水不重复的地下水资源量]-[地下水系统生态需水量]-[无法利用的地下水量] \qquad (4-35)$$

$$[已开发利用水资源量]=[农业用水量]+[工业用水量]+[生活用水量]+[生态用水量] \qquad (4-36)$$

$$[入境可开发利用水资源潜力]=[现状入境水资源量]\times分流域取值范围(取0\sim5\%) \qquad (4-37)$$

计算说明：收集多年平均水资源量，计算河道生态需水和不可控制洪水量，最后得出地表水可利用量；收集各评价单元多年平均地下水资源量，计算地下水系统生态需水量和无法利用的地下水量，最后得出地下水可利用量；将地表水可利用量和地下水可利用量相加得到本地可开发利用水资源量。收集农业、工业、居民生活、城镇公共实际用水量和生态用水量，计算已开发利用水资源量。收集上游邻近水文站实测的平均年流量数据作为多年平均入境水资源量，计算入境可开发利用水资源潜力。计算可利用水资源潜力和人均可利用水资源潜力，并划分为丰富、较丰富、中等、较缺乏和缺乏 5 个等级。

数据来源：水资源公报、统计年鉴等。

4.4　环境功能综合评价指数

建立环境功能综合评价指标体系和环境功能综合评价指数（A），计算方法如下：

$$A = K \cdot P_2 - P_1 \tag{4-38}$$

式中：P_1——区域保障生态安全类指数；

　　　P_2——区域维护人群环境健康类指数；

　　　K——区域环境支撑能力指数。

区域综合评价指数越高的地区环境功能越偏向于维护人群环境健康，反之则偏向于保障自然生态安全。

P_1、P_2 及 K 的评价指标见表 4-15。

表 4-15　环境功能综合评价指标体系

一级指标	二级指标
（一）保障自然生态安全（P_1）	生态系统敏感性
	生态系统重要性
（二）维护人群环境健康（P_2）	人口集聚度
	经济发展水平
（三）区域环境支撑能力（K）	环境容量
	环境质量
	污染排放
	可利用土地资源
	可利用水资源

第5章　环境功能指标的评价研究

本章依据构建的环境功能评价指标体系和计算方法，从自然生态安全指数、人群环境健康指数、区域环境支撑能力指数三个方面，对我国陆地生态系统进行环境功能评价，为形成环境功能综合评价提供基础。

5.1　自然生态安全指数评价

根据构建的环境功能评价指标体系，生态系统服务功能重要性和生态系统敏感性评价如下。

5.1.1　生态系统服务功能重要性评价

生态系统服务功能是指生态系统与生态过程所形成及所维持的人类赖以生存的自然环境条件与效用。生态系统服务功能重要性评价的目的是要明确回答区域各类生态系统的服务功能及其对区域可持续发展的作用与重要性，并依据其重要性分级，明确其空间分布。生态系统服务功能重要性评价是针对区域典型生态系统，评价生态系统服务功能的综合特征，根据区域典型生态系统服务功能的能力，按照一定的分区原则和指标，将区域划分成不同的单元，将其分为极重要、重要、中等重要、一般地区4个等级，以反映生态系统服务功能的区域分异规律。

根据我国陆地生态系统的特点，选择生物多样性保护、土壤保持、水源涵养、防风固沙、洪水调蓄等因素进行生态系统服务功能重要性评价。

5.1.1.1　水源涵养重要性评价

区域生态系统水源涵养能力由地表覆盖层涵水能力和土壤涵水能力构成，二者取决于植被结构、地表层覆盖状况以及土壤理化性质等因素。其生态重要性在于整个区域对评价地区水资源的依赖程度。因此，可以根据评价地区所处的地理位置以及对整个流域水资源的贡献来评价。本研究从国家区域上进行评价，只对全国重要的大江大河源头进行评价。评价结果见表5-1和图5-1。

表5-1　中国水源涵养重要性评价结果

重要性等级	面积/万 km²	占全国总面积的比例/%
一般地区	825.1	86.0
中等重要	22.0	2.3
重要	14.8	1.5
极重要	98.1	10.2

评价结果表明，全国水源涵养重要及极重要区域主要有昆仑山塔里木河源头，雅鲁藏布江源头，祁连山黑河和疏勒河源头，三江源、大兴安岭北部黑龙江、长白山松花江、东辽河源头、海拉尔河源头，大兴安岭南部西辽河源头、滦河源头、秦巴山区渭河、汉江、淮河源头、嘉陵江源头，乌蒙山珠江、乌江源头、湘江源头、北江源头以及大别山、南岭等地区的水源涵养区域。

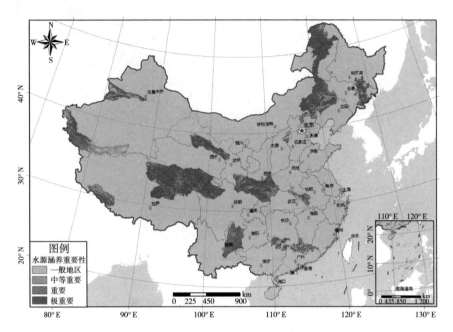

图 5-1 中国水源涵养重要性评价结果

5.1.1.2 土壤保持重要性评价

生态系统土壤保持重要性评价是在评价水土流失敏感程度的基础上，通过分析该地区水土流失所造成的可能生态环境后果与影响范围和影响人口数量来进行的。评价结果见表 5-2 和图 5-2。

表 5-2 中国土壤保持重要性评价结果

重要性等级	面积/万 km²	占全国总面积的比例/％
一般地区	774.1	80.6
中等重要	97.5	10.2
重　要	61.2	6.4
极重要	27.1	2.8

根据评价结果，全国土壤保持的极重要区域主要包括黄土高原、三峡库区、西藏东南部、大兴安岭东南侧；重要区域为云贵高原、四川盆地东部、黄土高原中部地区、阴山山脉西部地区、大兴安岭东侧、横断山地区、西藏东南部和新疆的天山

山脉西段、北麓及塔里木河南段；中等重要地区主要分布在太行山东部、西藏东部、青海东南部和四川西部、大兴安岭中部、东北平原大部、江南丘陵、山东半岛等广大地区。

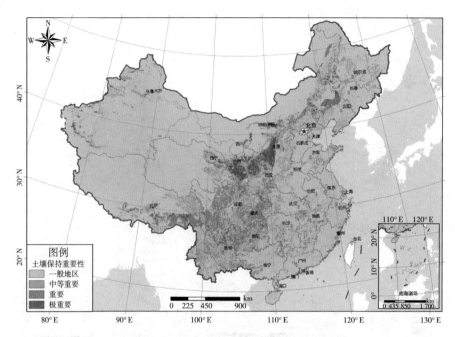

图 5 - 2　中国土壤保持重要性评价结果

5.1.1.3　生物多样性保护重要性评价

主要评价区域内各地区对生物多样性保护的重要性，重点评价生态系统与物种的保护重要性。优先保护生态系统与物种保护的热点地区均可作为生物多样性保护具有重要作用的地区。

根据评价结果（图 5 - 3），全国生物多样性保护极重要区域主要包括小兴安岭北部、祁连山南部地区、川西高山峡谷地区、藏东南地区、滇西北地区、武陵山地区、南岭地区、十万大山地区、西双版纳、雪峰山南部、仙霞岭、海南岛中部山区地区等，面积为 37.2 万 km²；生物多样性保护重要区域面积为 139.5 万 km²，主要包括小兴安岭北部、长白山、湖北西部、安徽南部、湖南西北部、广东北部、浙江西北部、福建中部以及北山、祁连山北部、黄河源头、秦巴山区、横断山脉中部、云南西部、广西北部、南部地区以及若羌、科尔沁右翼前旗、额敏、错那、基隆等地区；生物多样性保护中等重要地区面积为 224.4 万 km²，分布在小兴安岭中部、张广才岭、长白山北部、千山北部、江西西部、广东中部以及新疆乌伦古河、天山、塔里木河下游、昆仑山西部、青藏高原东部、黑河下游、河套平原以西、陕西中部、云南东部、贵州中部、广西中部等地区。

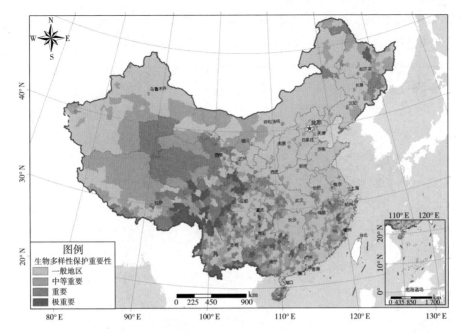

图 5-3 中国生物多样性保护重要性评价结果

5.1.1.4 防风固沙重要性评价

生态系统防风固沙重要性评价是在评价沙漠化敏感程度的基础上,通过分析该地区沙漠化所造成的可能生态环境后果与影响范围和影响人口数量,以及沙尘源区影响后果来进行的。评价结果见表 5-3 和图 5-4。

表 5-3 防风固沙重要性评价结果

重要性等级	面积/万 km²	占全国总面积的比例/%
一般地区	509.28	53.1
中等重要	252.48	26.3
重要	102.72	10.7
极重要	95.136	9.9

根据评价结果,全国防风固沙极重要区域主要分布在内蒙古浑善达克沙地、呼伦贝尔西部、科尔沁沙地、毛乌素沙地、柴达木盆地东部、河西走廊和阿拉善高原西部、准噶尔盆地周边、塔里木河流域、黑河下游以及环京地区和西藏"一江两河"(雅鲁藏布江、拉萨河、年楚河)等地区;防风固沙重要区域为严重沙漠化区域;中等重要区域主要是指中国"三北"防护林地区、黄淮平原、东北平原沙漠化中度敏感以及东部沿海沙土分布区域;其余为防风固沙一般地区。

5.1.1.5 洪水调蓄重要性评价

主要考虑具有滞纳洪水、调节洪峰作用的湖泊湿地生态系统。根据评价结果(图 5-

5)，全国防洪蓄洪重要区域主要集中在一、二级河流下游蓄洪区，其面积为 3.6 万 km²，分布在淮河、长江、松花江中下游蓄洪区及其大型湖泊等。

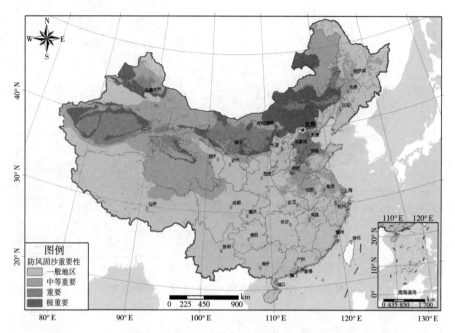

图 5-4　中国防风固沙重要性评价结果

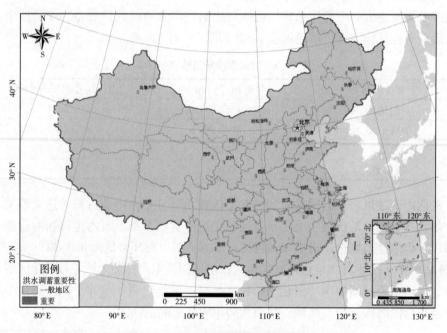

图 5-5　中国洪水调蓄重要性评价结果

5.1.1.6 生态系统服务功能重要性综合评价

将生物多样性保护、水源涵养、土壤保持、防风固沙和洪水调蓄的重要性评价结果进行空间叠加，得到全国综合生态系统服务功能重要性空间分布状况。评价结果表明，全国生态系统服务功能极重要地区面积达 248 万 km^2，约占国土面积的25.8%，主要分布于内蒙古东部、黄土高原、新疆西部、秦巴山地、三江源、西南山地等地区。重要地区面积达 188 万 km^2，约占国土面积的 19.6%。而中等重要地区和一般地区分别占国土面积的31.2%和23.4%。评价结果见表5－4和图5－6。

表5－4 中国生态系统服务功能重要性综合评价结果

重要性等级	面积/万 km^2	面积占比/%
一般地区	221	23.4
中等重要	304	31.2
重要	188	19.6
极重要	248	25.8

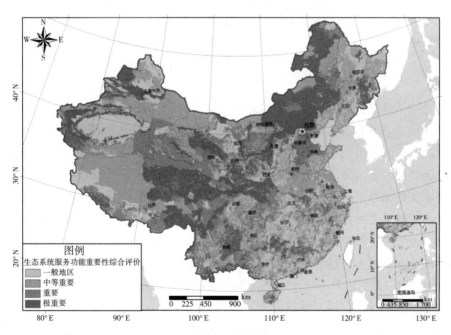

图5－6 中国生态系统服务功能重要性综合评价结果

生态系统服务功能重要性区域分布呈现全区域性的、集中连片分布，这种分布格局与生态系统类型分布格局直接相关。东北地区有大面积的针叶林、针阔混交林和草甸草原，沼泽面积广大，森林资源丰富是本区得天独厚的优势；华北地区以落叶阔叶林为主，生态重要区域主要分布在山区；西南以亚热带常绿阔叶林为主，川西南、滇西北的森林资源是我国西南林区的重要组成部分；华南地区以热带性植被为主，常绿阔叶雨林－季雨林特征明显；内蒙古地区以典型草原、荒漠草原为主；西北地区以荒漠草原为主；青藏地区以高原荒漠、草甸、草原为主。

这些区域包括大小兴安岭、长白山、西南林区、秦巴山地、藏东南、祁连山、天山、三江源、塔里木河、羌塘高原、松嫩平原、黄河三角洲、辽河三角洲、洞庭湖、鄱阳湖、呼伦贝尔草原、浙闽山地、南岭山地等，这些地区具有不同的生态重要类型。

5.1.2 生态系统敏感性评价

生态环境敏感性是指生态系统对区域中各种自然和人类活动干扰的敏感程度，它反映的是区域生态系统在遇到干扰时，出现生态环境问题的难易程度和可能性的大小，也就是在同样的干扰强度或外力作用下，各类生态系统出现区域生态环境问题的可能性的大小。生态系统敏感性评价的实质就是评价具体的生态过程在自然状况下潜在变化能力的大小，用来表征外界干扰可能造成的后果。敏感性高的区域易产生生态环境问题，是生态环境保护与恢复的重点。

根据区域生态系统特征和生态环境主要影响因子，选择的生态环境敏感性评价内容主要包括土壤侵蚀敏感性、沙漠化敏感性、盐渍化敏感性、石漠化敏感性、冻融侵蚀敏感性等。

5.1.2.1 土壤侵蚀敏感性评价

评价结果表明，中国土壤侵蚀敏感性受降水量分布影响很大，极敏感区面积为27.1万 km^2，占全国总面积的2.8%，主要分布在黄土高原、西南山区、太行山部分地区、汉江源头山区、大青山、念青唐古拉山脉成片区、横断山脉河谷地区等，其中黄土高原水土流失是一种长期的地质现象，但由于人类活动，对土地、植被等自然资源实行掠夺式开发利用，导致植被退化严重是引起这个地区水土流失的主要因素。高度敏感区面积为61.2万 km^2，占全国总面积的6.4%，主要分布在西南地区以及燕山、努鲁尔虎山、大兴安岭东部，这些区域降水侵蚀力较大，很多区域土壤为沙壤土或壤黏土，且横断山脉、川西、滇西、秦巴山地以及贵州、广西、湖南、江西等山区地形起伏较大，一旦植被破坏，容易发生水土流失；另外，天山山脉、昆仑山脉局部降水较高，零星地区对水土流失高度敏感。中度敏感区面积为97.5万 km^2，占全国总面积的10.2%，主要集中于降水量400～800mm的区域，呈带状南北分布，东北平原大部、四川盆地东部丘陵，阿尔泰山、天山、昆仑山都有大量分布，本区域虽多为山地，但降水侵蚀较小。轻度敏感区面积为365.0万 km^2，主要为华北平原、长江中下游平原等地势平坦区域，长白山东部虽为山区，但降水较小，植被保护较好，水土流失轻度敏感。西北部地区由于降水低于300mm，几乎不会发生大面积的水土流失，为不敏感区，面积为409.2万 km^2。评价结果见图5－7。

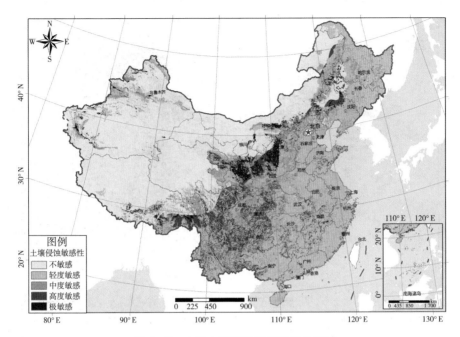

图 5 - 7 中国土壤侵蚀敏感性评价结果

5.1.2.2 沙漠化敏感性评价

根据评价结果，中国沙漠化敏感区域主要集中分布在西北干旱、半干旱地区。其中，沙漠化极敏感区域面积为 111.2 万 km²，主要是沙漠地区周边绿洲和沙地，包括准噶尔盆地边缘、塔克拉玛干沙漠沿塔里木河、和田河、车尔臣河地区、吐鲁番盆地、巴丹吉林沙漠、腾格里沙漠周边绿洲，柴达木盆地北部，以及呼伦贝尔高原、科尔沁沙地、浑善达克沙地、毛乌素沙地、宁夏平原等地，另外，藏北高原、三江源、黄河古道等有零星分布，这些位于沙漠戈壁中的绿洲，生态环境异常脆弱，沙漠植被一旦被破坏就会引起沙丘活化、流沙再起等，造成绿洲退化；而沙地多为半湿润半干旱农牧交错带，年际气候变化较大，对于人类活动极其敏感。新疆天山南脉至塔里木河冲积洪积平原如伽师、疏勒、温宿、轮台等地，古尔班通古特沙漠南部乌苏—阜康平原地区，疏勒河北部、柴达木盆地南部、四川若尔盖、河套平原、阴山山脉以北以及黄河三角洲、科尔沁沙地以北广大地区等均为沙漠化高度敏感区域，面积为 43 万 km²，该区域特征是气候干燥，大风日数较多，土壤质地多为沙质，且植被覆盖率低，容易发生沙化。沙漠化中度敏感区面积为 71.3 万 km²，主要分布在大兴安岭至科尔沁沙地过渡低丘、平原带，阴山山脉以南、青海湖以北大通河流域、东北平原、黄淮平原以及东南部沿海沙质土壤分布区域。青藏高原西部、柴达木盆地东北部、大兴安岭北部森林与草原过渡区为沙漠化轻度敏感区，面积为 39.6 万 km²。其余为沙漠化不敏感地区，占全国总面积的 72.4%。评价结果见图 5 - 8。

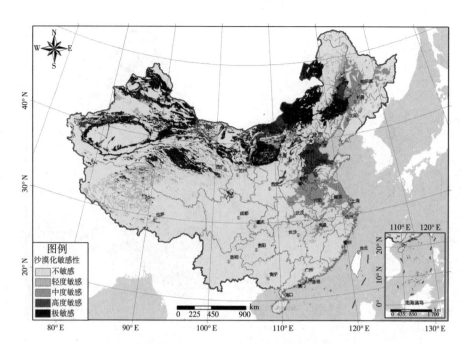

图5-8　中国沙漠化敏感性评价结果

5.1.2.3　盐渍化敏感性评价

根据评价结果，盐渍化敏感地区分布在西北干旱、半干旱地区。极敏感区面积为79.5万 km²，除滨海半湿润地区的盐渍土外，大致分布在沿淮河—秦岭—巴颜喀拉山—唐古拉山—喜马拉雅山一线以北广阔的半干旱、干旱和漠境地区，主要分布在塔里木盆地周边、和田河谷、准噶尔盆地周边、柴达木盆地、吐鲁番盆地等闭流盆地、罗布泊、疏勒河下游、黑河下游、河套平原西部、阴山以北浑善达克沙地以西、呼伦贝尔东部、西辽河河谷平原、三江平原以及环渤海、江苏沿海滨海低平原等地区。西北地区由于处于干旱、半干旱和漠境地区，蒸发量远远大于降水量，自然因素导致盐渍化严重；沿海地区主要由于滨海盐土导致盐渍化严重。高度敏感区面积为50.5万 km²，主要集中分布在准噶尔盆地东南部、哈密地区、北山洪积平原、河西走廊北部、阿拉善洪积平原区、宁夏平原、河套平原东部、海河平原、阴山以北河谷区域、东南沿海地区、大兴安岭、东北平原河谷地区以及青藏高原内零星分布，主要为洪积湖积平原区域。中度敏感区面积为58.9万 km²，主要分布在额尔齐斯河、伊犁河形成地冲积洪积平原、塔城、青海湖以西布哈河流域平原地区、河西走廊南部、鄂尔多斯高原西部、黄淮平原、锡林浩特地区、黄淮平原、江苏南部，以及江西中部、广东南部和三江源等有零星分布。轻度敏感区面积为64.8万 km²，分散在西北部及青藏高原、长江中下游等地。其余地区均为盐渍化不敏感区域，面积为706.4万 km²。评价结果见图5-9。

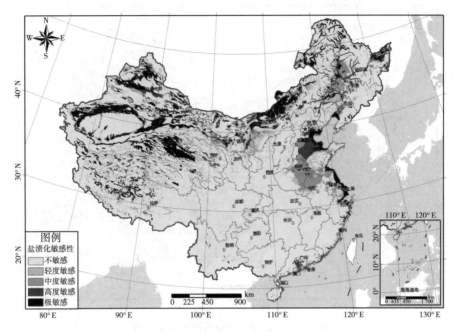

图 5－9 中国盐渍化敏感性评价结果

5.1.2.4 石漠化敏感性评价

评价结果表明，石漠化各个敏感性级别面积比例差异很大，空间分布差异明显。极敏感区面积为 3.6 万 km²，集中分布在贵州西部、南部区域（包括遵义、贵阳、毕节南部、安顺以南、六盘水、黔南州、铜仁），百色、崇左、南宁交界处，桂林、贺州、四川西南峡谷山地大渡河下游及金沙江下游地区等地有成片分布；高度敏感区面积为 15.2 万 km²，它与极敏感区交织分布，主要在贵州西部、中部、南部，广西西部、东部，四川西南部、东北部，云南东部，湖南中西部，广东北部等有片状分布；中度敏感区分布较广，总面积为 32.9 万 km²，主要分布在四川盆地周边、四川西部、云南东部、贵州中部、广西中部、湖南南部、湖北西南部以及江西和湖北交界地区等；轻度敏感区分布零散，总面积为 14.0 万 km²；不敏感区面积最大，总面积为 894.4 万 km²，主要为非碳酸盐或埋藏性可溶性岩分布地区。评价结果见图 5—10。

5.1.2.5 冻融侵蚀敏感性评价

评价结果表明，冻融侵蚀极敏感区面积为 46.1 万 km²，主要分布在青藏高原西南部，海拔普遍高于 4 500m，且坡度大多在 30°以上，主要包括阿里、冈底斯山脉以南，巴青、比如、丁青三县交界处，以及甘孜、色达、炉霍交界处，九龙、松潘、康定、金川等也有零星分布。高度敏感区面积为 74.7 万 km²，集中分布在阿尔泰山、天山、祁连山脉北部、昆仑山脉北部、横断山脉以及大兴安岭高海拔地区。中

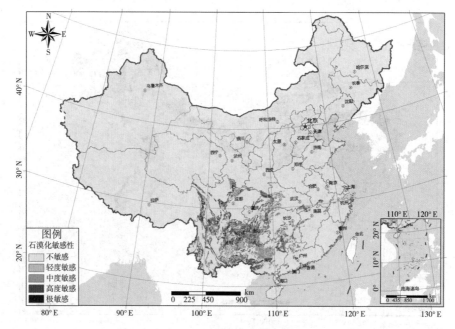

图5-10 中国石漠化敏感性评价结果

度敏感区面积为 92.7 万 km²，分布在祁连山南部、阿尔金山以南、可可西里山以东、冈底斯山以北、三江源东南部以及大兴安岭等地区。青海高原西部以及怒江源头高原区域为冻融侵蚀轻度敏感区，面积为 39.4 万 km²。其他东部低海拔区域为冻融侵蚀不敏感区，面积为 707.0 万 km²。评价结果见图5-11。

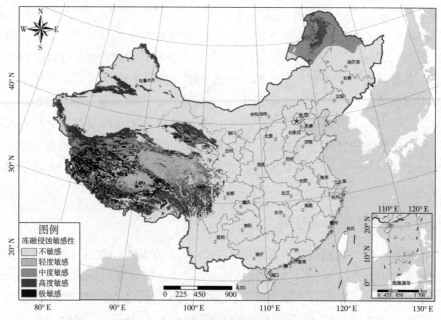

图5-11 中国冻融侵蚀敏感性评价结果

5.1.2.6　生态系统敏感性综合评价

将土壤侵蚀、沙漠化、盐渍化、石漠化和冻融侵蚀的评价结果进行空间叠加，得到全国综合生态敏感性空间分布状况。评价结果表明，全国生态极敏感区和高度敏感区的面积分别为 217 万 km² 和 164 万 km²，分别占全国国土面积的 22.6% 和 17.1%（表 5-5），主要分布于西部与东部沿海等地区（图 5-12）。从空间分布来看，西北与华北地区的许多地区为沙漠化和盐渍化极敏感区，黄土高原多土壤侵蚀极敏感区，青藏高原的许多地区为冻融侵蚀极敏感区，西南山地多石漠化和土壤侵蚀极敏感区，东部沿海地区多盐渍化极敏感区，而华中、华南的广大地区，除少数地区为土壤侵蚀极敏感区外，其他生态极敏感区较少。

表 5-5　中国生态系统敏感性综合评价结果

敏感性等级	面积/万 km²	面积占比/%
不敏感	100	10.4
轻度敏感	252	26.2
中度敏感	227	23.7
高度敏感	164	17.1
极敏感	217	22.6

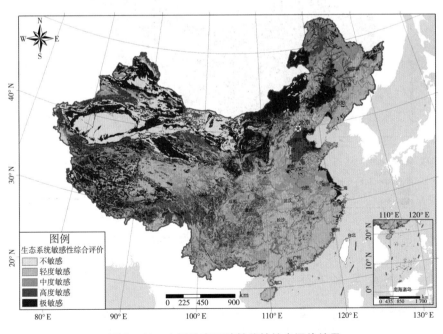

图 5-12　中国生态系统敏感性综合评价结果

5.2 人群环境健康指数评价

根据构建的环境功能评价指标体系，人口集聚度指数和经济发展水平指数评价结果如下。

5.2.1 人口集聚度评价

在我国长期形成的人口分布总体格局之下，由于近年产业以及城镇化快速发展的深刻影响，以长江三角洲、珠江三角洲、京津都市圈为核心的地区，人口集聚程度极为突出，已经成为我国人口资源环境矛盾比较紧张的地区。人口集聚度指数高的地区，已经开始由都市区向外围地区拓展，核心都市区之间也呈现出连片的态势。

在辽中南、胶东半岛、长江中游地区、成渝地区、福建沿海地区也初步形成了人口规模集聚的态势。其他几个值得关注的地区是：以武汉为核心的长江中游地区、以郑洛卞为核心的中原地区、长株潭及湘赣铁路沿线地区、以西安为核心的关中地区、徐淮鲁南地区以及天山北麓中段、南梧西江走廊等，这些地区初显人口集聚分布的趋向。评价结果见图5—13。

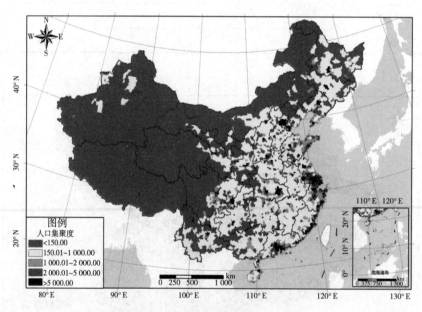

图 5-13　中国人口集聚度评价结果

5.2.2 经济发展水平评价

除特殊地区如内蒙古、新疆、青海和西藏外，"经济发展水平"分值自东向西逐级递减，即东部地区分值明显高于中西部地区，这一特征与我国区域经济发展的现状基本一致。这说明该指标能够准确地刻画我国区域经济发展的格局。

"经济发展水平"的高值区集中且连片分布的区域，主要分布在长江三角洲、珠江三角洲和京津唐地区，属于我国最发达的地区，也是我国城市化和工业化水平最高的地区。"经济发展水平"分值较高、相对集中，但不连片分布的地区，主要集中分布在胶东半岛、辽中南、长（春）吉（林）地区、哈尔滨—大庆沿线、中原地区、关中地区、武汉周边、长株潭地区、福州—厦门地区等。"经济发展水平"低值地区，主要集中在我国西南、中部的一些山地和丘陵集中的地区，与我国贫困人口的分布状况具有一定的相似性。评价结果见图 5—14。

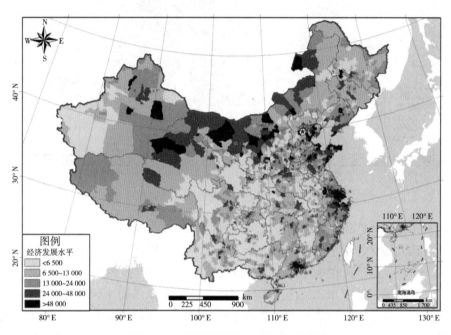

图 5—14　我国经济发展水平评价结果

5.3　区域环境支撑能力指数评价

根据构建的环境功能评价指标体系，环境容量指数、环境质量指数、污染物排放指数的综合性评价结果见环境胁迫性评价结果。

5.3.1　环境胁迫性评价

根据区域环境质量风险状况、区域污染物排放情况、区域环境容量状况，提出区域环境胁迫性评价方案。评价结果见图 5—15。

受产业化和经济高速发展的影响，我国东部，特别是几个经济发达地区，如长三角、珠三角地区的大气和水环境容量超载比较严重，SO_2 污染造成的酸雨、水污染造成的饮用水安全和水生态退化等环境问题突出。这些区域必须注意控制经济规模、促进经济与环境的协调发展。

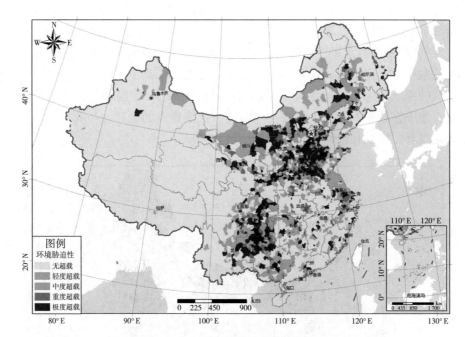

图 5 - 15　中国环境胁迫性评价结果

与东部发达地区相比，西部地区的环境胁迫程度高的地区较少，但是分布特征不同。在西北地区，由于污染企业较少，除个别工业城市如兰州等，大部分地区有剩余的 SO_2 环境容量。在水环境方面，造成环境胁迫程度高的地区，可以分为两种类型，一种是由工业废水和生活污水导致的，如新疆库尔勒地区、四川成都、甘肃兰州等；另一种是由农田非点源污染导致的，造成宁夏和内蒙古河套灌区的水环境容量超载。虽然目前大部分地区化学需氧量（COD）排放没有超过环境容量，但是由于该地区水资源匮乏，加上青海是三江源头地区，水质要求高，水环境容量低。所以在开发过程中要谨慎考虑，必须杜绝污染，重视保护水源，规划与建立水源保护区。

西南地区大气环境胁迫比较严重，比如贵州、四川、重庆是使用高硫煤的地区，加上受地形条件的影响，不利于大气污染物的扩散和自净。目前西南地区没有超过大气 SO_2 环境容量的区域只有四川和云南西部。但是在这个区域，由于水资源量比较丰富，水环境容量较大，可以适度开发。但也要考虑到由于西南地区近水源地区用水不受限制，用水愈多，排水愈多，滇池等湖泊的水污染问题也日渐严峻。

全国范围内，相对于大气环境胁迫状况，水环境胁迫程度分布范围更加广泛。目前严重超过 COD 的环境容量、胁迫较大的区域主要是辽河、海河、淮河、松花江、长江和黄河中下游流域。珠江流域除广西中部和珠三角外，水环境胁迫程度较低，是水环境较好的区域。

从污染物排放量和环境胁迫状况分布可以看出，大气 SO_2 高排放地区基本上是高胁迫地区。而对于水环境而言，COD 的低排放、高胁迫区域主要分布在甘肃东部、山西中部和河北南部，高排放、低胁迫区域主要分布在湖南中部、北部，湖北中部，广西南部。

全国污染物胁迫综合分析发现，我国京、津、冀北、河南新郑洛工业带、长三角和珠三角地区、四川盆地、贵州大部分地区是环境胁迫比较严重的区域，必须对产业结构和布局进行优化。西部的大部分地区、内蒙古东部和大兴安岭地区，东南沿海、安徽、江西等区域的环境容量较大，可以适度开发。

5.3.2 人均可利用土地资源评价

我国人均可利用土地资源在空间分布上的基本特征是北方多于南方、人口稀疏区多于人口密集区。人均可利用土地资源的高值区相对集中于东北、华北北部、西北以及黄河中游地区；低值区成片集中于青藏高原和中、东部人口密集地区。

丰富区含 79 个地域单元，主要分布在东北、华北北部、陕甘宁接壤区、新疆北部及藏东南等地；较丰富区含 176 个单元，主要分布在东北、华北北部、陕甘宁地区、新疆北部及藏东南等地的丰富类周围，此外在青海、山东、江西、云南等地有零星分布；中等区含 813 个单元，空间分布较为广泛，各省市区都有分布，相对集中于我国地形二级阶梯上；较缺乏区含 1 025 个单元，主要分布于东部沿海及豫皖鄂湘赣等省市区；缺乏区含 282 个单元，除青藏高原地区大面积分布外，其他地区的分布基本与城市分布密切相关，此外在内蒙古、新疆等省区有零星片状分布。评价结果见图 5—16。

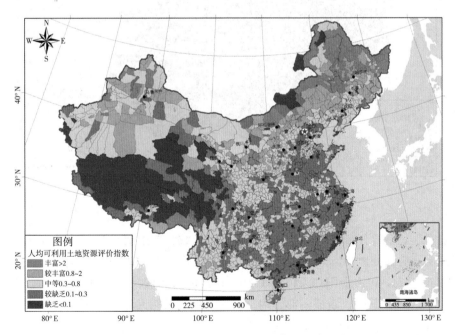

图 5-16　中国人均可利用土地资源评价结果

我国人均可利用土地资源的空间分布格局是地理环境特征、区域开发历史、人口聚集过程以及经济发展状况等长期共同作用的结果。青藏高原人均可利用土地资源缺乏是因地理环境的高寒造成的；东北、华北北部和西北地区人均可利用土地资源丰富除了自然条件相对较差和人口较为稀疏外，开发历史较短也是重要原因；而位于我国人口特征线以东以南的绝大部分地区，人均可利用土地资源普遍较为缺乏的原因在于这些地区地理环境条件较为优越、人类开发历史较早、人口密度高以及经济发展水平和城市化程度较高。

5.3.3　人均可利用水资源评价

我国人均可利用水资源潜力分布极不平衡，总体趋势是南多北少、山区多平原少。南方地区人均可利用水资源潜力较大，大部分地区在 500m³ 以上；北方除东北部分地区有较大潜力外，缺水问题都较为突出，甚至存在大范围的过度开发地区。

按照人均可利用水资源潜力值，把全国各行政单元分为五级，分别为水资源丰富区、较丰富区、中等区、较缺乏区、缺乏区（图 5—17）。

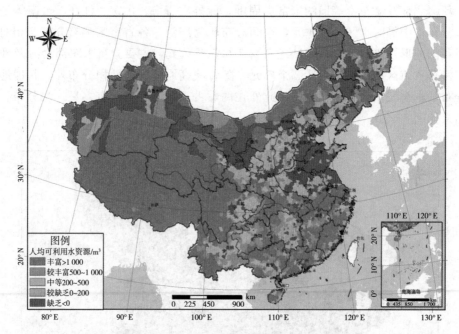

图 5－17　中国人均可利用水资源潜力分布

丰富区：主要分布在西南诸河流域、长江流域、东南诸河流域、珠江流域以及松花江流域的部分地区，分布较集中。水资源丰富区多为人口稀少地区，区内总人口 23 256 万人，仅占全国总人口的 18.5％；区内 GDP 共计 29 318 亿元，仅占全国总量的 16.3％。其中，新疆南部、内蒙古西部地区虽然人均水资源潜力较大，但地处干旱区，属于水资源相对短缺地区。

较丰富区：主要分布在长江、珠江以及东南诸河流域。总面积 102.6 万 km²，占全国面积的 10.7％；区内人口 14 058 万人，占总人口的 11.2％；区内 GDP 共计 12 533 亿元，占全国总量的 7.0％。

中等区：所占面积较小，在四川、云南、贵州、湖南、陕西等省份有连片。区域面积总计 69.1 万 km²，占全国总面积的 7.2%；区内人口 14 913 万人，占全国总人口的 11.8%；区内 GDP 共计 16 154 亿元，占全国总量的 9.0%。

较缺乏区：零星分布在陕西、山西、辽宁、湖南等省份。共包含 275 个行政单元，总面积 60.2 万 km²，占全国总面积的 6.3%；区内人口总量为 16 615 万人，占全国总人口的 13.2%；区内 GDP 共计 18 331 亿元，占全国总量的 10.2%。

缺乏区：主要分布在华北地区、辽中南地区、松嫩平原、汾渭盆地、河西走廊、天山北麓等地区，其余主要为城市中心区域。总面积 185.5 万 km²，占全国总面积的 19.3%。水资源缺乏区多为人口集中、经济集聚的地区，区内人口 57 030 万人，占总人口的 45.3%；区内 GDP 共计 103 641 亿元，占全国总量的 57.6%。

总体上看，我国缺水问题较为突出，并且水资源短缺地区多为人口集中、经济发达的地区，在国土面积 19.3% 的水资源缺乏区内，集中了全国 45.3% 的人口与 57.6% 的 GDP。

5.4　环境功能综合评价

每个县级单元指标进行标准化分级打分后进行综合，将定量评价指标体系综合归纳为一个指数，每个县级单元都相应有一个赋值，共划分为 8 级，根据赋值的高低以及生态环境的重要程度等特殊因子，对不同环境功能类型区进行划分。结合定性评价结果，参照相关规划对未来社会经济发展的布局，对区域不同环境功能类型进行综合评价，结果如图 5-18 所示。

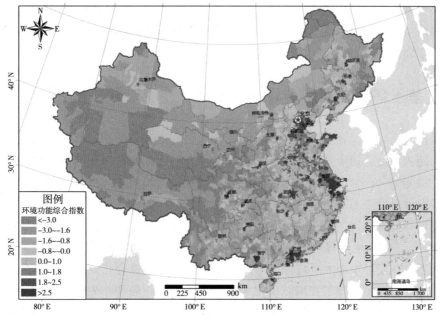

图 5-18　中国环境功能综合评价结果

第6章 环境功能类型区划分方法研究

本章根据上述环境功能指数评价结果，从满足国家经济社会发展和生态环境保护宏观管理的需求出发，讨论环境功能类型区域划分的方法。

6.1 类型区划分技术路线

环境功能区划分应遵循以下技术路线：

①从环境功能的内涵出发，从保障自然生态安全和维护人群环境健康两方面界定环境功能类型；

②建立环境功能评价指标体系和方法，以县（区、市）为单位进行环境功能评价，形成环境功能综合评价结果；

③根据环境功能综合评价结果，划分环境功能类型区；

④根据主导因素，对相关部门现有分区进行归整，依次识别环境功能类型区；

⑤进行总体复核和调整，确定环境功能区划初步方案；

⑥在各类环境功能区内，根据环境功能的体现形式差异或环境管理要求差异，划分环境功能区亚类；

⑦根据各环境功能区特征，提出有针对性的环境管理目标和对策。

前两项已在本篇的第3章、第4章、第5章进行了详细阐述，③项、④项将在本章详细介绍，后3项将在第三篇中阐述。

6.2 基于环境功能综合评价的分区

根据环境功能综合评价结果，从保障自然生态安全和维护人群环境健康两大类环境功能的角度，初步划分出两个大类，即生态功能保育区和聚居环境维护区。区域环境功能综合评价指数越高的地区环境功能越偏向于维护人群环境健康，反之则偏向于保障自然生态安全。

聚居环境维护区的划分：综合指数大于1.0的原则上确定为聚居环境维护区（图5-18）。这些地区属于城市化和工业化发达地区，面临的生态和环境问题比较突出，需要在发展中加大环境保护力度。这一大类中，综合指数大于2.5的确定为环境优化区，这类区域是我国城市化水平最高的地区，需要率先转变发展方式，加大环境治理力度，营造良好的人居环境；综合指数为1.0~2.5的原则上定为环境控制区，这类地区未来是我国人口、产业重点集聚区，因此，需要在发展的同时，加大环境质量的调控力度，避免发展对人群环境造成过大的压力；同时，这一大类当中也有部分地区经济发展水平相对较高，环境质量较差，将通过进一步的划分确定为环境治理区。

生态功能保育区的划分：按照上述方法，综合指数小于－0.3的原则上确定为生态功能保育区。这些地区以提供生态服务和生态产品为核心，因此，要加大对这些地区的生态保育和环境防治力度，确保和提高全国环境功能质量。这类地区基本为水源涵养区、水土保持区、防风固沙区、生物多样性保护区等重要的生态环境地区，且在全国尺度的生态安全上具有重要意义。

6.3　基于主导因素法的分区

6.3.1　主导因素法概述

综合考虑对评价单元具有重要影响的主导因子以及相关的国家政策、规划等，通过选取决定不同类型环境功能区形成的主导因素，划分自然生态保留区、生态功能保育区、食物环境安全保障区、聚居环境维护区和资源开发环境引导区，对评价结果进行修正，提出全国环境功能区划备选方案。

需要考虑的国家层面的相关规划、政策包括《全国主体功能区规划》《全国生态功能区划》《重点流域水污染防治规划》《重金属污染综合防治"十二五"规划》《全国土壤环境保护规划》《全国城镇体系规划纲要》等。

主导因素法是自上而下划分环境功能区的技术方法，划分各类型区的主导因素见表6－1。

表6－1　各环境功能类型区的主导因子

环境功能区	主导因子
自然生态保留区	人口密度极低，人口流动性差
	经济总量小，经济活力低
生态功能保育区	存在沙漠化、土壤侵蚀、石漠化、土壤盐渍化等风险
	具有较高的水源涵养、水土保持、防风固沙、生物多样性保护及其他生态系统服务功能
	生态系统的完整性、稳定性
食物环境安全保障区	国家主要耕地，牧场，主要农产品产地
	海产品产量较高
聚居环境维护区	区域人口聚居规模较大，人口流动性强，城镇化水平高
	区域产业聚集度高，经济总量大，经济增速快
	区域存在一定的环境问题或环境风险
资源开发环境引导区	能矿资源主要开发地区
	具有相对稀缺的特色资源

6.3.2　主导因素法划分食物环境安全保障区

食物环境安全保障区的划分不是根据综合指数法来划分的，因为在生态功能保育区和聚居环境维护区两大类型区中，均存在食物环境安全保障区。食物环境安全保障区主要是应用主导因素法，根据全国食物安全保障的重要性和国家重点建设的优势农产品主产区进行划分的。也就是说，如果食物环境安全保障区与其他区域相重叠时，要优先划分为食物环境安全保障区。这类地区分为三类：粮食及优势农产品环境安全保障区、畜禽产品环境安全保障区和水产品环境安全保障区。

粮食及优势农产品环境安全保障区以粮食保障重要性作为主导因素进行选择，并参考商品粮基地县名录、农业区划以及全国主体功能区规划中对于国家级限制开发的农业地区的划分。

畜禽产品环境安全保障区在未被划分的区域中，按照草场分布以及纯牧业县的分布进行划分。其中部分重要牧区在生态保育上的重要性非常高，如阿尔泰、呼伦贝尔、三江源等地区，因此未被划入这类地区。

水产品环境安全保障区划分原则是海岛县、半海岛县和南海诸岛，共划分出 8 个区。

6.4　环境功能区的划分条件

以各评价单元环境功能综合评价值为基础，考虑各类功能区识别的主导因素，划分各类环境功能区及其亚区。各类环境功能区及其亚区划分条件如下：

（1）Ⅰ类区——自然生态保留区

具有一定的自然文化资源价值的区域，包括有代表性的自然生态系统、珍稀濒危野生动植物物种的天然集中分布地，有特殊价值的自然遗迹所在地和文化遗迹等，以及受到人类活动破坏规模较小、资源储备不具备开发价值且暂时不再开发的区域。

自然生态保留区的亚区划分如下：

Ⅰ-1 自然资源保留区：依据法律法规，在国家层面划出一定面积予以特殊保护和管理的区域，包括国家级自然保护区、风景名胜区、地质公园、森林公园和世界自然文化遗产，参考《全国主体功能区规划》划定的禁止开发区。

Ⅰ-2 后备保留区：法律法规在国家层面未做划定，尚未受到大规模人类活动干扰，生态服务功能不显著，暂不具备农牧业及资源开发价值，应受到保护以保留其自然状态和满足可持续发展需求的区域。

（2）Ⅱ类区——生态功能保育区

生态系统比较重要，区域生态调节功能更重要，关系全国或较大范围区域的生态安全的区域，参考《全国主体功能区规划》划定的 25 个国家级重点生态功能保育区。

生态功能保育区的亚区划分如下：

Ⅱ-1水源涵养区：重要河流上游和重要水源补给区、水源涵养生态功能重要性突出的地区，参考《全国主体功能区规划》划定的8个国家级水源涵养型重点生态功能区。

Ⅱ-2水土保持区：土壤侵蚀敏感性高、对下游的影响大、水土保持生态功能重要性突出的地区，参考《全国主体功能区规划》划定的4个国家级水土保持型重点生态功能区。

Ⅱ-3防风固沙区：降水量稀少、蒸发量大的干旱、半干旱地区等沙漠化敏感性高，沙尘对周边影响范围广、影响程度较大的地区，参考《全国主体功能区规划》划定的6个国家级防风固沙型重点生态功能区。

Ⅱ-4生物多样性保护区：濒危珍稀动植物分布较广，典型生态系统分布较多的地区，参考《全国主体功能区规划》划定的7个国家级生物多样性维持型重点生态功能区。

（3）Ⅲ类区——食物环境安全保障区

以确保我国食物初级生产重要地区的环境安全为主要目的，保障农产品生产安全的地区，包括主要粮食（油料、经济作物等优势农产品）主产地分布区，主要耕地分布地区，重点牧区、牧业县等地区。

食物环境安全保障区的亚区划分如下：

Ⅲ-1粮食及优势农产品环境安全保障区：具备较好的粮食（油料、经济作物等）生产条件，以提供农产品生产为主并保障农产品生产安全的地区，参考农业部门确定的主要粮食（油料、经济作物等）产地分布区、国土部门划分的全国主要耕地分布地区、海洋部门划定的渔业保障区范围内的陆地地区。

Ⅲ-2畜禽产品环境安全保障区：以畜牧生产为主的地区，参考农业部门确定的重点牧区、牧业县等范围。

Ⅲ-3水产品环境安全保障区：以海洋渔业、海水养殖业为主的海岛县、半海岛县地区，参考海洋部门划定的渔业保障区范围内的沿海渔业养殖捕捞地区。

（4）Ⅳ类区——聚居环境维护区

人口分布密度较高、城市化水平较高、区域开发建设强度较大，未来城镇化和工业化发展潜力较大的地区，是以维护人口聚居环境卫生健康为主的区域。

聚居环境维护区的亚区划分如下：

Ⅳ-1环境优化区：人类活动聚居度高、经济社会发达、污染治理设施完善、环境质量较好的地区，参考环境保护部命名的生态市、县以及环境保护模范城市等。

Ⅳ-2环境控制区：城镇化和工业化潜力较大、污染排放和环境风险防范压力较大、环境质量尚可的地区。

Ⅳ-3环境治理区：人口聚居度较高但污染较重、污染治理设施不完善、环境质量较差的地区，参考相关规划确定的水污染防治优先控制单元、大气污染控制重点区域、重金属治理重点区和土壤污染重点防控区等。

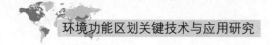

（5）Ⅴ类区——资源开发环境引导区

各类矿产与能源储量丰富，具备较好的开发条件，需要引导资源开发活动，保障区域环境安全的地区。参考国土部门确定的能源矿产资源重点开发地区以及《全国主体功能区规划》确定为能源矿产资源点状开发的地区。

各类环境功能区空间范围的主要划分条件见表6-2。

表6-2　环境功能类型区划分条件

分类	亚类	划分条件
Ⅰ类区——自然生态保留区	Ⅰ-1自然资源保留区	（1）依《中华人民共和国自然保护区条例》划为国家级自然保护区的地区 （2）依《保护世界文化和自然遗产公约》纳入《世界遗产名录》的地区 （3）依《风景名胜区条例》划为国家级风景名胜区范围的地区 （4）依《森林公园管理办法》批准为国家森林公园的地区 （5）依《国家地质公园规划编制技术要求》批准为国家地质公园的地区
	Ⅰ-2后备保留区	（1）人类活动影响较少，人口密度小的地区 （2）资源储量少且不具备开发价值的地区
Ⅱ类区——生态功能保育区	Ⅱ-1水源涵养区	（1）重要河流上游和重要水源补给区 （2）《全国主体功能区规划》列入重点生态功能区的地区
	Ⅱ-2水土保持区	（1）土壤侵蚀敏感性高，对下游的影响大的地区 （2）《全国主体功能区规划》列入重点生态功能区的地区
	Ⅱ-3防风固沙区	（1）干旱、半干旱地区等沙漠化敏感性高的地区；沙尘对周边影响范围广、影响程度较大的地区 （2）《全国主体功能区规划》列入重点生态功能区的地区
	Ⅱ-4生物多样性保护区	（1）濒危珍稀动植物分布较广，典型生态系统分布较多的地区 （2）《全国主体功能区规划》列入重点生态功能区的地区
Ⅲ类区——食物环境安全保障区	Ⅲ-1粮食及优势农产品环境安全保障区	（1）农业部门确定的主要粮食（油料、经济作物等）产地分布区 （2）国土部门划分的全国主要耕地分布地区
	Ⅲ-2牧产品环境安全保障区	（1）以放牧为主的草原地区 （2）农业部门确定的重点牧区、牧业县等范围
	Ⅲ-3水产品环境安全保障区	（1）海岛县、半海岛县和南海诸岛等地区 （2）参考海洋部门海洋功能区划确定的近海渔业养殖捕捞区范围

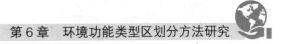

续表

分类	亚类	划分条件
Ⅳ类区——聚居环境维护区	Ⅳ-1环境优化区	(1) 人口分布密度较高、城镇化水平较高，经济规模较大，综合实力较强，区域开发强度较高的地区 (2)《全国主体功能区规划》确定的重点开发区域
	Ⅳ-2环境控制区	(1) 城镇化、工业化潜力较大、污染排放和环境风险防范压力较大、环境质量尚可的地区 (2)《全国主体功能区规划》确定的重点开发区域中的部分地区
	Ⅳ-3环境治理区	(1) 人口聚居度高、污染严重、治污设施不完善、环境质量较差的地区 (2)《全国主体功能区规划》确定的优化开发区域中的部分地区
Ⅴ类区——资源开发环境引导区	—	(1) 矿产资源具备开发的技术经济条件的地区 (2) 国土部门确定的主要矿产资源分布地区 (3)《全国主体功能区规划》确定的矿产资源点状开发地区

第三篇 全国环境功能区划方案及管控体系

根据环境功能区划技术方法，基于全国环境功能评价和环境功能区分条件，提出全国环境功能区划方案，将全国划分为自然生态保留区、生态功能保育区、食物环境安全保障区、聚居环境维护区和资源开发环境引导区5个类型区和12个亚类区。提出分区环境管控要求，建立环境红线管控体系，提出基于环境功能区划的分区管控体系和配套政策措施。

第 7 章　全国环境功能区划方案

本章根据环境功能评价结果和环境功能区的划分方法，确定全国环境功能区划方案。结合区域自然环境、社会经济特征和区域间相互关系，根据区域环境功能类型的突出表现形式，把全国陆地范围划分为 5 个环境功能类型区。

7.1　总体方案

把构建我国生态安全格局，为国民经济的健康持续发展提供生态保障的区域划为自然生态保留区和生态功能保育区，占国土面积的 53.2%。其中，自然生态保留区总面积约 227.2 万 km²，占国土面积约 23.8%，对具有一定自然文化资源价值的区域进行了强制保护，对大片尚未受到大规模人类活动影响且仍保留着其自然特征的区域进行了保留，为人类可持续生存与发挥预留了空间；生态功能保育区总面积约 280.7 万 km²，占国土面积约 29.4%，对我国生态系统有重要作用且关系全国或较大范围区域生态安全的区域进行了保护，限制大规模的城镇化和工业化开发，减少人为活动影响，保持并提高区域的水源涵养、水土保持、防风固沙、生物多样性维护等生态调节能力，服务于保障区域主体生态功能稳定。

把主要从事农业生产、城镇化和工业化开发以及资源开发利用的区域划为食物环境安全保障区、聚居环境维护区和资源开发环境引导区，占国土面积的 46.8%。这三个类型区是人口主要分布区、国民经济和社会发展活动的主要集中地区，服务于维护人群环境健康。其中，食物环境安全保障区总面积约 216.2 万 km²，占国土面积 22.6%，涵盖了我国粮食主产区和主要牧业地区，包括东北平原、黄淮海平原、长江流域、汾渭平原、河套灌区、华南和甘肃、新疆等农产品主产区以及主要牧业地区和沿海渔业养殖捕捞地区，土壤污染现状比较严重的区域得到关注，服务于保障主要食物生产地的环境安全；聚居环境维护区总面积约 162.6 万 km²，占国土面积约 17%，包括我国人口分布密度较高、城市化水平较高、区域开发建设强度较大，未来城镇化和工业化发展潜力较大的地区，涵盖了大气污染或地表水污染比较严重的城镇地区，服务于保障主要人口集居区环境健康；资源开发环境引导区总面积约 69.6 万 km²，占国土面积约 7.2%，包括鄂尔多斯盆地、新疆、山西、西南、东北等化石能源地区，攀枝花西部钒钛矿、滇黔磷矿、包头铁稀土矿、柴达木盐矿、河南铝土矿、长江中下游铜铅锌锡钨矿、鞍本铁矿等重要矿产资源开采区，要引导资源开发秩序，控制资源开发对周边区域的影响，保障区域矿产资源开发的环境安全。具体见表 7-1 和图 7-1。

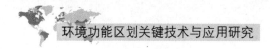

表 7-1　全国环境功能区划方案

大类	功能定位	与主体功能区规划关系	亚类	面积/万km²	占全国面积比例/%	控制单元（举例）	管理目标
I类区——自然生态保留区	保障自然生态系统和可持续生存发展	禁止开发区	I-1自然资源保留区	120.0	12.5	纳木错国家自然保护区	依法实施强制性保护，禁止开发活动
		—	I-2后备保留区	107.2	11.3	塔克拉玛干沙漠	控制人类干扰，保留潜在环境功能
II类区——生态功能保育区	保障区域主体生态功能稳定	限制开发的重点生态功能区	II-1水源涵养区	82.7	8.7	大兴安岭森林生态功能区	维护区域水源涵养生态调节功能稳定
			II-2水土保持区	24.3	2.5	大别山水土保持功能区	维护区域水土保持生态调节功能稳定
			II-3防风固沙区	86.6	9.1	科尔沁草原生态功能区	维护区域防风固沙生态调节功能稳定
			II-4生物多样性保护区	87.1	9.1	秦巴生物多样性功能区	维护生物多样性保护生态调节功能稳定
III类区——食物环境安全保障区	保障主要食物生产地环境安全	限制开发的农产品主产区	III-1粮食及优势农产品环境安全保障区	170.3	17.8	黄淮海商品粮基地	保障国家主要粮食生产地环境安全
			III-2畜禽产品环境安全保障区	45.1	4.7	内蒙古东部草甸草原	确保畜牧产品产地环境安全
			III-3水产品环境安全保障区	0.8	0.1	南海诸岛	保障近岸海水产品产地环境安全
IV类区——聚居环境维护区	保障主要人口集聚区环境健康	重点开发区和优化开发区	IV-1环境优化区	10.2	1.1	大连等国家环保模范城市	经济发展和环境保护协调的先导示范区域
			IV-2环境控制区	129.4	13.5	南宁等	提高集聚人口能力，保障环境质量不降低
			IV-3环境治理区	23.0	2.4	珠三角大气灰霾重点治理区	加大环境治理、改善环境质量
V类区——资源开发环境引导区	保障区域环境安全	能源与矿产资源基地	—	69.6	7.2	鄂尔多斯盆地	控制资源开发对周边区域环境功能的影响

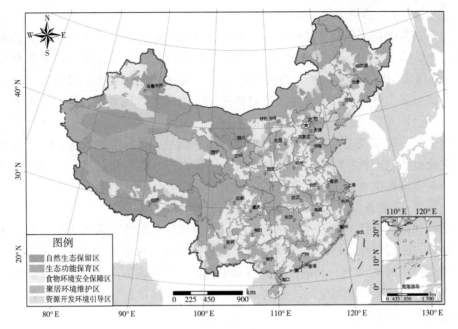

图 7 - 1　全国环境功能区划

7.2　类型区分级特征

各类环境功能区在人类活动强度、区域生态环境压力和质量等方面表现出层级特征。区域人类活动强度越低，受人类活动的影响程度越小，自然生态保留区和生态功能保育区的价值越高，环境质量现状越好，也要求更加严格地控制人类活动的影响；区域人类活动强度较高的城镇化、工业化地区，污染物排放的种类和总量越高，对聚居环境维护的需求越高。

从自然生态保留区到生态功能保育区、食物环境安全保障区、聚居环境维护区、资源开发环境引导区，维护自然生态系统健康的功能逐步减小，而人类活动压力逐渐增大，污染排放强度和生态破坏等逐级增加，保障地区经济社会发展的需求、维护人居环境健康的功能需求逐步增强。

各级环境功能类型区在环境质量、环境压力、人类活动强度和发展粗放程度等方面表现出层级关系，根据环境功能的要求，从环境质量、污染物排放、环境准入等方面分区、分级制定环境管理和发展引导要求。

7.3　类型区的区划方案

7.3.1　Ⅰ类区——自然生态保留区

自然生态保留区空间范围见图 7 - 2，具体内容如下：

（1）Ⅰ-1自然资源保留区

自然资源保留区包括依法设立的各类自然文化保护区域，其中国家级自然保护区319个、世界文化自然遗产46个、国家重点风景名胜区208个、国家森林公园738处和国家地质公园138处，总面积约120万km²，占全国总面积的12.5%。新设立的国家级自然保护区、世界文化自然遗产、国家重点风景名胜区、国家森林公园和地质公园等自动进入自然资源保留区。

要依据法律法规规定和相关规划实施强制性保护，严格控制人为因素对自然生态和文化自然遗产原真性、完整性的干扰。引导人口逐步有序转移，限制和逐步降低污染并实现污染物零排放，提高环境质量，保障生态服务功能。

（2）Ⅰ-2后备保留区

后备保留区包括羌塘、可可西里、阿尔金山和罗布泊等荒漠无人区，古尔班通古特沙漠、腾格里沙漠地区，青藏高原等高海拔地区。总面积约107.2万km²，约占全国总面积的11.3%。目前技术经济水平对这一类区域不具备开发利用条件。

要作为后续发展环境空间，控制人类活动干扰，保留自然原真状态，保护其潜在环境功能不被破坏。

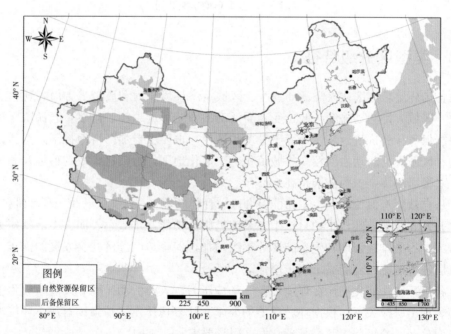

图7-2　全国自然生态保留区分布

7.3.2　Ⅱ类区——生态功能保育区

生态功能保育区空间范围见图7-3，具体内容如下：

（1）Ⅱ-1水源涵养区

主要包括大兴安岭、秦巴山地、大别山、淮河源、南岭山地、东江源、珠江源、海南省中部山区、岷山、若尔盖、三江源、甘南、祁连山、天山以及丹江口水库库区等,总面积 82.7 万 km^2,占全国国土面积的 8.7%。区域主要生态问题是人类活动干扰强度大;生态系统结构单一,生态功能衰退;森林资源过度开发、天然草原过度放牧等导致植被破坏、土地沙化、土壤侵蚀严重;湿地萎缩、面积减少。

要推进天然植被恢复,治理水土流失,维护或重建湿地、森林、草原等生态系统,保护具有水源涵养功能的植被,维护区域水源涵养生态调节功能稳定发挥,保障区域生态安全。

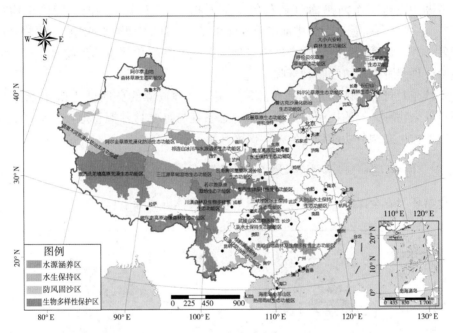

图 7-3　全国生态功能保育区分布

（2）Ⅱ-2 水土保持区

包括太行山地、黄土高原、三江源区、四川盆地丘陵区、三峡库区、南方红壤丘陵区、西南喀斯特地区、金沙江干热河谷等。面积 24.3 万 km^2,占全国国土面积的 2.5%。区域主要生态问题是不合理的土地利用,特别是陡坡开垦,导致地表植被退化、土壤侵蚀和石漠化危害严重。

要调整产业结构,发展旱作节水农业,限制陡坡开垦和超载过牧,加强小流域综合治理,维护区域水土保持生态调节功能稳定发挥,保障区域生态安全。

（3）Ⅱ-3 防风固沙区

主要包括科尔沁沙地、呼伦贝尔沙地、阴山北麓—浑善达克沙地、毛乌素沙地、黑河中下游、塔里木河流域,以及环京津风沙源区等。总面积约 86.6 万 km^2,约占全国国土面积的 9.1%。区域主要生态问题是过度放牧、草原开垦、水资源严重短缺与水资源过度开发导致植被退化、土地沙化、沙尘暴等。

要严格控制放牧和草原生物资源的利用,加强西部内陆河流域规划和综合管理,合理利用水资源，保障生态用水，保护沙区湿地，加强植被恢复和保护，维护区域防风固沙生态调节功能稳定发挥，保障区域生态安全。

（4）Ⅱ-4 生物多样性保护区

主要包括长白山山地、秦巴山地、浙闽赣交界山区、武陵山山地、南岭地区、海南岛中南部山地、桂西南石灰岩地区、西双版纳和藏东南山地热带雨林季雨林区、岷山—邛崃山、横断山区、北羌塘高寒荒漠草原区、伊犁—天山山地西段、三江平原湿地、松嫩平原湿地、辽河三角洲湿地、黄河三角洲湿地、苏北滩涂湿地、长江中下游湖泊湿地、东南沿海红树林等。总面积87.1万 km²，占全国国土面积的9.1%。主要生态问题是人口增加以及农业扩张，交通、水电水利建设，生物资源过度开发，外来物种入侵等导致自然栖息地破碎化、岛屿化严重；生物多样性受到严重威胁，许多野生动植物物种濒临灭绝。

要禁止对野生动植物进行乱捕滥采，实现物种资源的良性循环和可持续利用，加强对外来物种入侵的控制，保护自然生态系统与重要物种栖息地，维护区域生物多样性保护生态调节功能稳定发挥，保障区域生态安全。

7.3.3　Ⅲ类区——食物环境安全保障区

食物环境安全保障区空间范围见图7-4，具体内容如下：

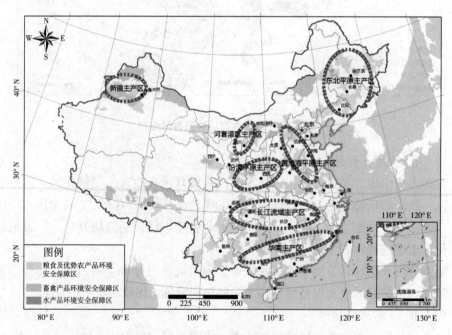

图7-4　全国食物环境安全保障区分布

（1）Ⅲ-1 粮食及优势农产品环境安全保障区

按照传统农业区划，参考农业地理知识，去掉近期农业地位急剧下降的地区，包括东北平原、黄淮海平原、长江流域、汾渭流域、河套灌区、华南地区和甘肃、新疆地区等，共 7 区 23 片。总面积约 170.3 万 km²，占全国总面积的 17.8%。该区具备良好的粮食生产条件，是全国的粮食主产区。

要保障国家主要粮食生产地环境安全，为粮食生产提供安全健康的生产环境。

（2）Ⅲ-2 畜禽产品环境安全保障区

畜禽产品环境安全保障区包括肉用牛羊、奶牛等放牧和养殖区，按照草场分布以及牧业县的分布划分，分布于北部和西部边疆，包括内蒙古、新疆、宁夏、黑龙江等省（自治区），总面积约 45.1 万 km²，占全国总面积的 4.7%。

（3）Ⅲ-3 水产品环境安全保障区

水产品环境安全保障区是我国海水养殖和捕捞的主要作业区，主要是海岛县、半海岛县和南海诸岛，由南到北分为不同的养殖和捕捞区，共 8 个区。总面积约 0.8 万 km²，占全国总面积的 0.1%。

要保障近岸海水产品的质量和数量，确保海水产品产地的环境安全。

7.3.4　Ⅳ类区——聚居环境维护区

聚居环境维护区空间范围见图 7-5，具体内容如下：

（1）Ⅳ-1 环境优化区

环境优化区是聚居环境维护区中经济社会发达、环境管理有效、生态环境质量较好的地区，包括国家环境保护模范城市、国家生态市县等，是环境经济协调发展的先导示范区。总面积约 10.2 万 km²，占全国总面积的 1.1%。

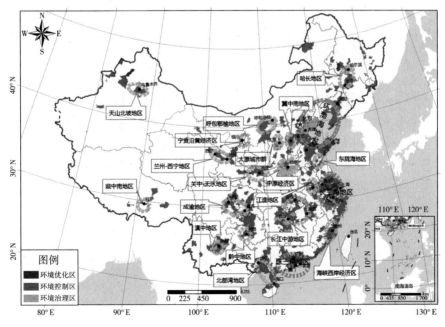

图 7-5　全国聚居环境维护区分布

环境优化区产业布局和结构合理，城镇体系比较完善，作为全国经济发展和环境保护协调的先导示范区域，是带动全国经济社会发展、提升国家竞争力的重要区域，要协调好经济发展与环境保护的关系，进一步加大环境保护投入，为进一步集聚人口和产业创造条件。

（2）Ⅳ-2 环境控制区

环境控制区是聚居环境维护区中工业化和城镇化发展较快、生态环境压力较大、资源和环境问题逐渐显现、总体上环境承载力较强、生态尚未遭到严重破坏的地区，总面积约 129.4 万 km²，占全国总面积的 13.5%。

环境控制区是全国重要的人口和经济密集区，是支撑我国经济快速发展的核心地区，未来主要城市化和工业化发展地区。要优化产业结构，降低能源和资源消耗，减少污染物排放，在保护环境的基础上推动经济持续发展，进一步加大环境保护和生态建设投入，加强环境风险防范，保障生态环境质量不降低，提高集聚人口能力。

（3）Ⅳ-3 环境治理区

环境治理区是聚居环境维护区中环境质量较差、生态问题凸显、进一步持续发展受到威胁的地区，包括水污染防治规划中的全国优先控制单元、大气污染重点治理区、重金属污染防治规划中的全国重点防控区、土壤环境保护规划确定的土壤污染防控重点区域等，总面积约 23.0 万 km²，占全国总面积的 2.4%。

环境治理区是受长期环境污染和生态破坏，或者是不利于污染扩散或环境本底较差导致区域生态环境质量较差的区域，但该区域是国家产业经济不可或缺的重要组成部分，对区域经济社会发展和城镇体系布局也有重要意义。要升级产业结构、转变生产方式，减少资源能源消耗和污染排放，加大生态环境综合治理，切实解决危害人体健康的环境问题，逐步改善人居环境质量，保障区域环境健康。

7.3.5　Ⅴ类区——资源开发环境引导区

资源开发环境引导区空间范围见图 7-6，具体内容如下：

包括鄂尔多斯盆地、新疆、山西、西南、东北等化石能源地区，攀枝花西部钒钛矿、滇黔磷矿、包头铁稀土矿、柴达木盐矿、河南铝土矿、长江中下游铜铅锌锡钨矿、鞍本铁矿等重要矿产资源开采区域，总面积约 69.6 万 km²，占全国国土面积约 7.2%。是以保障区域矿产资源开发的环境安全为主要环境功能的区域，区域人类干扰强度较大，生态破坏严重，特定污染物排放浓度较高。

总体目标是引导环境资源有序开发，严格资源开发环境准入条件，合理开发利用清洁型矿产资源，加强矿山迹地的生态恢复。控制资源开发对周边区域的影响，以不影响周边区域环境功能为基本要求。

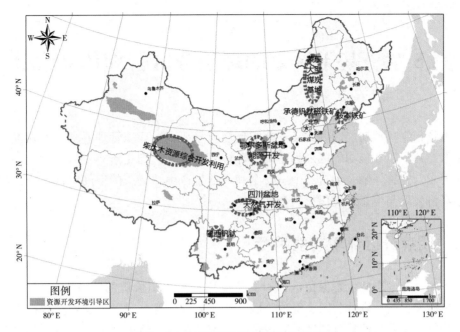

图 7 - 6　全国资源开发环境引导区分布

第8章 基于区划的环境分区管理体系设计

本章根据环境功能区划方案，落实环境质量要求、环境管理要求和产业准入环境要求，建立以环境功能区划为基础的环境管理体系。细化落实主体环境功能区规划的要求，完善保障全国自然生态安全和人群生产生活健康的空间格局，指导我国社会经济发展与生态环境保护的合理布局。

8.1 明确分区环境功能目标

Ⅰ类区——自然生态保留区：对具有一定自然资源价值的区域进行强制保护，设定自然保护区、森林公园、湿地公园、风景名胜区等。对尚未受到大规模人类活动影响仍保留着自然特点的较大区域进行保留，保障自然生态系统原真性和可持续发展空间，保留自然环境本底状态，维护生态系统结构和功能的完整。

Ⅱ类区——生态功能保育区：保障区域生态调节功能稳定，重点在重要生态功能区、陆地和海洋生态环境敏感区、脆弱区等区域划定生态红线，保持并提高区域的水源涵养、水土保持、防风固沙、生物多样性保护等生态调节功能，保障区域生态系统的完整性和稳定性，维护国家生态安全。

Ⅲ类区——食物环境安全保障区：保障主要粮食及优势农产品生产地、畜禽产品产地和水产品产地的环境安全，优先保护耕地土壤环境，严控重金属污染。

Ⅳ类区——聚居环境维护区：保障主要人口集聚区环境健康，改善环境质量，防范环境风险，深化主要污染物总量减排，实现环境公共服务均等化。

Ⅴ类区——资源开发环境引导区：引导资源有序开发，严格总量控制制度，完善资源开发的环境管理措施，确保环境质量稳定达标。重点控制资源开发对周边生态环境的影响，保障区域生态环境安全。

8.2 制定环境管理措施

8.2.1 环境质量要求

根据《全国环境功能区划》落实环境质量要求。根据各类环境功能区所承载主体环境功能的不同，判断各类功能区环境服务的主体，根据其主体提出各类环境功能区对生态环境质量的总体要求，以及对水环境、大气环境、土壤环境、生态环境、噪声环境和核与辐射环境的质量要求，具体如表8-1所示。

表8-1 环境功能区环境质量要求

一级区	二级区	环境质量要求					
		水	大气	土壤	生态	噪声	核与辐射
I 自然生态保护区	自然资源保留区	本底值	本底值	本底值	本底值	本底值	不超过本底值
	后备保留区	本底值	本底值	本底值	本底值	本底值	不超过本底值
II 生态功能育区	水源涵养区	II类	一级	一级	水源涵养能力不退化	本底值	不超过本底值
	水土保持区	II类	一级	一级	水力侵蚀强度小于中度	本底值	不超过本底值
	防风固沙区	II类	一级（PM$_{10}$除外）	一级	风力侵蚀强度小于中度	本底值	不超过本底值
	生物多样性保护区	II类	一级	一级	生物多样性指数不降低	本底值	不超过本底值
III 食物环境安全保障区	粮食及优势农产品环境安全保障区	渔业水III类,灌溉水V类	一级（执行《保护农作物的大气污染物最高允许浓度》）	菜地一级,农田二级,（执行《食用农产品产地环境质量评价标准》）	农田生态系统健康	本底值	不超过本底值
	畜禽产品环境安全保障区	IV类	一级	二级	草原生态系统健康	本底值	不超过本底值
	水产品环境安全保障区	近岸海水《海水水质标准》一类	一级	二级	近海海洋生态系统健康	本底值	不超过本底值

续表

一级区	二级区	环境质量要求					
		水	大气	土壤	生态	噪声	核与辐射
IV 聚居环境维护区	环境优化区	集中式饮用水水源地水质达标率>96%,水功能区水质达标率达到100%	二级以上天数>80%	土壤环境质量达标率>90%	建成区绿化覆盖率>35%	噪声达标区覆盖率>60%	核辐射:公众人员年有效剂量当量不超过0.1mSv 电磁辐射:公众一天内任意连续6h全身平均比吸收率<0.002W/kg
	环境控制区	集中式饮用水水源地水质达标率>90%,水功能区水质达标率达到90%	二级以上天数>70%	土壤环境质量达标率>70%	建成区绿化覆盖率>30%	噪声达标区覆盖率>50%	核辐射:公众人员年有效剂量当量不超过0.3mSv 电磁辐射:公众一天内任意连续6h全身平均比吸收率<0.006W/kg
	环境治理区	集中式饮用水水源地水质达标率>80%,水功能区水质达标率达到60%	二级以上天数>60%	土壤环境质量达标率>50%	建成区绿化覆盖率>20%	噪声达标区覆盖率>30%	核辐射:公众人员年有效剂量当量不超过1mSv; 电磁辐射:公众一天内任意连续6h全身平均比吸收率<0.02W/kg
V 资源开发环境引导区		IV类/V类	三级	三级	基本保持稳定	局部可超标	核辐射:辐射工作人员年有效剂量:辐射量限值为50mSv 电磁辐射:职业照射每天8h工作时间内全身平均比吸收率<0.1W/kg

76

8.2.2 环境管理要求

按照《全国环境功能区划》落实环境管理要求。根据各类环境功能区的环境特征和环境保护重点，制定相关的污染物总量控制要求、环境质量控制要求、环境风险防范要求和自然生态保护要求，为相关环境保护政策的制定提供分区依据，具体如表 8-2 所示。

8.2.3 环境管理措施

（1）Ⅰ类区——自然生态保留区

根据相关法律实行针对性的强制保护措施。环境质量要求保持自然本底状态，保护珍稀物种等敏感对象。

禁止违反法律法规规定的开发建设活动，不得新建工业企业和矿产资源开发企业，现有各类企业污染物排放不能达到国家和地方排放标准的，限期迁出或关闭。

各种餐饮、宾馆及娱乐设施，其污染物排放必须达到国家或地方相关标准。

加强生态保护相关知识的培训和教育，提高保护区域内各类基础能力建设水平。

（2）Ⅱ类区——生态功能保育区

严格控制污染物排放总量，对污染物排放总量和浓度标准实行较严格的要求，将排污许可证允许排放量作为污染物排放总量管理的依据，实现污染物排放总量的持续下降。

加强环境基本公共服务设施建设，完善环境监测、环境信息公开、环境监管能力，提高污水和垃圾收集处理设施等环境保护基础服务设施水平。大力推进生态保护与建设，在生态环境脆弱敏感的地区开展生态移民，划定生态红线，实施国家重点生态功能区生态环境质量监测、评价和考核，减轻人类活动对生态环境的压力。

主要河流径流量保障基本稳定并满足生态需求，水源涵养和生物多样性维护型生态功能区的水质达到《地表水环境质量标准》Ⅱ类以上（含Ⅱ类），地下水达到《地下水质量标准》相关要求；水源涵养区、水土保持区和生物多样性保护区环境空气质量标准均应达到《环境空气质量标准》一级标准（含一级标准）；土壤环境质量达到《土壤环境质量标准》一级标准。

（3）Ⅲ类区——食物环境安全保障区

根据区域环境质量限制污染物排放总量，严格控制重金属类污染物和挥发性有机污染物等有毒物质排放，将排污许可证允许排放量作为污染物排放总量管理的依据，建立农业主产区环境质量监测网络，加强土壤污染治理与修复。各项环境质量指标要考虑食物链的累积影响，农村区域执行《环境空气质量标准》二级标准；主要水产渔业生产区中珍稀水生生物栖息地、鱼虾类产卵场、仔稚幼鱼的索饵场等地表水达到《地表水环境质量标准》Ⅱ类要求，其他水产渔业生产区达到《地表水环境质量标准》Ⅲ类要求，并满足《渔业水质标准》，地下水达到《地下水质量标准》相关要求；农田灌溉用水应满足《农田灌溉水质标准》，严格控制重金属类污染物和

表 8-2 环境功能区环境管理要求

一级区	二级区	总量控制	环境管理要求 环境质量	环境风险	生态保护与建设
I 自然生态保留区	自然资源保留区	零排放	维持现状	确保零风险	强制性保护
	后备保留区	零排放	维持现状	确保零风险	引导性保护
II 生态功能保育区	水源涵养区	大规模削减	生态服务功能不退化	防治水源涵养区生态破环	以区域水源涵养林保护为主
	水土保持区	大规模削减	生态服务功能不退化	防范水土流失风险	以区域水土保持项目区建设为主
	防风固沙区	大规模削减	生态服务功能不退化	防控沙尘源	以区域防风固沙林保护为主
	生物多样性保护区	大规模削减	生态服务功能不退化	防范生物多样性丧失风险	以区域生物生境保护为主
III 食物环境安全保障区	粮食及优势农产品环境安全保障区	大规模削减,增加重金属、POPs等指标	土壤质量不恶化、灌溉水质量达标	防治面源污染、土壤污染、土壤风险	强化农田生态系统管理
	畜禽产品环境安全保障区	大规模削减,增加生物富集类指标	牧场土壤环境质量不恶化,保证牧草安全	防范草场退化,牧草污染风险	保护草原生态系统,舍间圈养和以草定畜
	水产品环境安全保障区	大规模削减排放总量	近海海水质量不恶化	水体富营养化,近海水体污染	海岛、半岛、海洋生态系统保护
IV 聚居环境维护区	环境优化区	适度削减	稳步提升	人口和产业聚集引起的群体性环境风险	城乡人居环境建设
	环境控制区	较大规模削减	较大幅度提升	高速工业化和城市化进程中的环境风险	城乡人居环境建设
	环境治理区	大规模削减	大幅度提升	评估现存的环境风险,加强预防	城乡人居环境建设
V 资源开发环境引导区		适当削减	不降低	资源开发环境风险	面上保护自然生态系统,点上矿山治理与恢复

有毒物质；近岸海水水质达到《海水水质标准》一类标准；重点粮食蔬菜产地执行《食用农产品产地环境质量评价标准》和《温室蔬菜产地环境质量评价标准》要求。一般农田土壤达到《土壤环境质量标准》二级标准。

粮食及优势农产品环境安全保障区要逐步削减农业面源污染物排放量，控制农田化肥、农药施用量，加大土壤和地下水环境保护力度，重点治理重金属、持久性有机污染物和残留农药超标污染地区的农田土壤，综合利用农业生产废弃物，控制农村地区畜禽养殖污染，确保土壤环境质量安全，确保粮食生产质量稳定，加强人工增雨（雪）、防雹作业，保障粮食稳产增产。

畜禽产品环境安全保障区要控制牧区生活污染排放，推动超载减畜，加快传统能源替代和植被恢复，防治土地沙化。

水产品环境安全保障区要控制陆源污染物排放，严格控制岸线工业开发和港口运输造成的环境污染，重点恢复和改善近岸海域的水质和生态环境。以整治陆源污染和海岸带综合治理为重点，陆海兼顾、河海统筹，促进海域环境质量改善，努力增强海洋生态系统服务功能。

（4）Ⅳ类区——聚居环境维护区

环境质量指标要综合考虑人口聚居、产业发展的压力和区域环境承载能力。一般城镇和工业区环境空气质量执行《环境空气质量标准》二级标准。地表水环境依据《地表水环境质量标准》，集中式生活饮用水地表水源地一级保护区应达到Ⅱ类标准，集中式生活饮用水地表水源地二级保护区及准保护区应达到Ⅲ类标准，工业用水应达到Ⅳ类标准，景观用水应达到Ⅴ类标准，纳污水体要求不影响下游水体功能，地下水达到《地下水质量标准》相关要求。土壤环境依据《土壤环境质量标准》和土壤环境风险评估规范确定的目标要求。加强城镇辐射环境质量监督管理。

环境优化区要增加污染物总量控制指标，提高主要污染物总量减排指标削减率，全面推行主要污染物排污交易制度，制定严格的地方排放标准，积极开展以应对水体污染、降温除尘等为目的的人工增雨（雪）作业，对重化工业集中区、开发区实行循环化和生态化改造，区域污染物排放水平要达到国际先进水平。加强城镇人居环境体系建设，加快建设生态绿地、防护绿地和生态廊道，扩大公共设施空间和绿色生态空间，全面开展城镇生态系统保护与生态功能修复，提高城镇生态文明水平。

环境控制区要严格环境影响评价制度，强化环境风险评价，建立区域环境风险评估和防控制度，强化建设项目和现有企业环境风险监管，工业污染物必须全面稳定达标排放，建立环境污染和生态破坏严重地区的"区域限批"制度，科学规划开发建设布局，合理利用环境容量，严格发放排污许可证，完善排污权交易制度，提高区域资源、能源利用效率，加大生态建设投入，维护区域生态良好状态，增强区域生态承载能力。

环境治理区要重点实施污染物减排，对排污许可证的申请实行严格审核，严格控制地区特殊污染物的排放，加强环境综合治理，大力实施水环境综合整治、大气环境综合整治、土壤污染治理、重金属污染治理等环境综合治理工程，强化城镇污

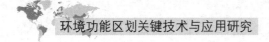

水、垃圾收集与处理设施建设，加大环境管理和监督力度，提高各类治污设施的效率，强化对企业污染物稳定达标排放的监管。限期实现功能区区域、流域达标，逐步恢复生态功能。

（5）Ⅴ类区——资源开发环境引导区

制定资源开发环境保护与生态恢复治理等技术规范和标准，实施生态环境恢复治理重点工程，积极推进实施矿山生态环境恢复治理相关制度，将资源开发生态环境保护与恢复治理目标纳入企业年检重要内容，并实行较高的返还治理比例。明确各级政府对本行政区域内资源开发生态环境恢复治理的目标任务，列入各级政府的任期目标和年度工作目标。建立资源开发利用规划和建设项目环境影响评价文件审批联动机制，禁止新、扩、改建不符合资源开发利用规划要求的项目，加强资源开发活动对生态环境影响的控制，建立资源开发生态环境监测网络，对造成严重环境污染和生态破坏的，责令限期整改，逾期整改不达标的予以关闭。

8.3　制定发展引导措施

8.3.1　产业准入环境要求

根据《全国环境功能区划方案》落实产业准入条件。根据各类环境功能区的环境特点、保护重点和环境承载能力，从产业的水污染物排放标准、气体污染物排放标准、清洁生产标准和环境影响评价要求等方面，提出分区的产业准入标准制定原则，为各区产业准入标准的制定提供指导，具体如表8-3所示。

8.3.2　发展引导要求

（1）Ⅰ类区——自然生态保留区

坚持"依法管理、强制保护"，根据各类保护区域的法律规定，实行强制性保护。禁止与保护无关的建设活动，制定生态补偿政策和专项财政转移支付政策。拓宽保护区建设的资金渠道，加强环境基础公共服务设施建设，提高地方政府的公共服务能力。

（2）Ⅱ类区——生态功能保育区

坚持"保护优先、有保有压、适度发展"，发展不影响生态功能的旅游等产业，限制大规模的工业化和城镇化开发，控制人类活动开发强度。以恢复和保育生态服务功能为目标，加强生态建设，科学开发利用空中云水资源。设置较为严格的产业准入环境标准，严格执行环境影响评价制度。制定并实施流域水资源、森林资源、草地资源、生物多样性等的生态补偿政策和用于生态保护工程的信贷优惠政策，对于区域内为生态保护做贡献的居民实施直接的生态补偿。

（3）Ⅲ类区——食物环境安全保障区

坚持"保障基本、安全发展"，以保障农业生产环境安全为基本出发点，适度进

表8-3 环境功能区产业准入环境要求

一级区	二级区	产业准入标准			生态影响要求
		废水排放标准	废气排放标准	清洁生产要求	
Ⅰ 自然生态保留区	自然资源保留区	无污染物排放	无污染物排放	无清洁生产项目	局部旅游开发类项目不可对区域环境造成任何负面影响
	后备保留区	无污染物排放	无污染物排放	无清洁生产项目	建议不实施项目开发
Ⅱ 生态功能保育区	水源涵养区	执行行业污染物排放标准中的特别排放限值和基准排放水量	执行行业污染物排放标准中的特别排放限值	执行行业清洁生产一级水平	不破坏区域水源涵养能力
	水土保持区				不破坏区域水土保持能力
	防风固沙区				不破坏区域防风固沙能力
	生物多样性保护区				不破坏区域生物多样性维护能力
Ⅲ 食物环境安全保障区	粮食及优势农产品环境安全保障区	执行行业污染物排放标准中的特别排放限值和基准排放水量，特别控制重金属，POPs等可能造成土壤污染的污染物	执行行业污染物排放标准中的特别排放限值，严格控制烟尘、重金属，POPs污染物	执行行业清洁生产一级水平	以保护土壤和灌溉水环境质量为基本要求
	畜禽产品环境安全保障区	执行行业污染物排放标准中的特别排放限值和基准排放水量，特别控制可能导致草场退化的具有生态毒性的污染物和具有富集作用的污染物	执行行业污染物排放标准中的特别排放限值，严格控制烟尘、重金属，POPs污染物	执行行业清洁生产一级水平	以保证牧场承载力不降低、土壤环境质量不恶化、牧草质量达标为基本要求
	水产品环境安全保障区	控制N,P等富营养化指标，重金属等生物富集指标	执行行业污染物排放标准中的特别排放限值，严格控制烟尘，POPs污染物	执行行业清洁生产一级水平	保证近海海洋环境质量

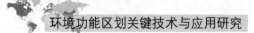

续表

一级区	二级区	产业准入标准			生态影响要求
		废水排放标准	废气排放标准	清洁生产要求	
IV 聚居环境维护区	环境优化区	执行行业污染物排放标准中的特别排放限值和基准排水量	执行行业污染物排放标准中的特别排放限值	执行行业清洁生产一级水平	产业升级，要求建设循环经济，严格控制产业能耗、水耗
	环境控制区	严格控制 COD、氨氮等常规污染物排放标准，重点控制对饮用水造成威胁的有机污染物、重金属、生物类污染物，适当控制排污许可证	严格控制 PM_{10}、SO_2、NO_x、粉尘等常规污染物排放标准，重点控制重金属、有机污染物，适当控制排污许可证	执行行业清洁生产二级水平	严格评估产业发展中可能产生的各种环境风险，做好避险和缓解措施
	环境治理区	以严格的 COD、氨氮污染物排放标准为主，适当增加特征污染物，逐步减少排污许可证总量	以严格 SO_2、NO_x 污染物排放标准为主，适当增加特征污染物，逐步减少排污许可证总量	执行行业清洁生产三级水平	项目以污染物治理为主，新建项目必须有腾挪出的环境容量
V 资源开发环境引导区		执行现有企业污染物排放限值，特征污染物排放限值可适当放宽，但以环境质量不恶化为前提	执行行业污染物排放限值中的特征污染物排放限值可适当放宽	执行行业清洁生产三级水平	全面评估资源开发过程中的环境污染，将污染控制在可控范围内

行工业和海岸线的开发建设，有序推进城镇化进程。限制大规模的工业化、城镇化开发建设，按照保障农业生产环境安全的原则设置环境准入标准，积极推进农村环境综合整治工作，努力实现农业生产集约化。畜禽产品环境安全保障区要重点处理好载畜量与牧草承载力的关系，确保草地生态系统的稳定性，合理安排农牧业用地。水产品环境安全保障区要限制大规模工业和岸线开发建设，按照保障水产品环境安全的原则设置环境准入标准，确保水产品环境安全和沿海地区经济社会的可持续发展。

（4）Ⅳ类区——聚居环境维护区

坚持"以人为本、优化发展"，以保障人居环境健康为根本出发点，引导人类开发建设活动的优化布局，促进经济社会与生态环境协调发展。

环境优化区要执行严格的产业准入标准，逐步淘汰落后产能和高污染、高环境风险产品，鼓励高新技术、高端服务业等资源节约型、环境友好型产业落户，优化城镇、开发区、产业区的布局，提升产业层次。

环境控制区要在充分考虑区域环境承载力的前提下，合理加快工业化和城镇化进程，承接优化开发区域产业的有序转移，限制开发区域和禁止开发区域的人口转移的过程中，防止工业化、城镇化造成占地和用水过多、生态环境压力过大等问题，强化绿色信贷、绿色保险和绿色证券在产业发展中发挥的引导作用。

环境治理区要加快淘汰落后产能，严把标准关，对于新上项目严格按相关标准和程序执行，不合规、不达标的现有项目予以淘汰或关停整改，新建项目的立项和审批必须腾出有效的污染物允许排放量指标，建立新建项目与污染减排、淘汰落后产能相衔接的审批机制，落实产能等量或减量置换制度，并强化新建项目和已有项目扩大再生产的环境影响评价，产业园区要配套建设污染集中处理设施，提高达标排放率、推广清洁生产等强化管理措施。

（5）Ⅴ类区——资源开发环境引导区

坚持"规划先行、有序发展"，着眼于经济社会的长远发展，制定资源开发利用规划，规范各类资源的开发秩序，提高资源利用效率。严格控制矿产资源开发利用活动对生态环境的影响范围，依据资源环境承载能力，合理布局后续加工基地。加强矿产资源开发整合，提高新建矿山最低开采规模标准和采选技术准入条件，引导资源向大型、特大型现代化矿山企业集中，促进形成集约、高效、协调的矿山开发格局。统筹流域上下游关系，系统分析水能和水资源开发的生态环境影响，规范水能资源的开发秩序。

第 9 章　基于区划的红线管控体系

本章根据基于区划的环境管理体系中关于环境质量要求、环境管理要求、产业准入环境要求的框架设计，结合环境红线管理体系中关于环境质量、污染排放和生态破坏限制、环境风险预警和环境友好导向等管理措施，提出基于环境功能区划的环境红线管理体系框架。

9.1　基于区划的红线管控体系设计

9.1.1　红线管控要素组成

基于环境功能区划的红线管控是指为了维护国家环境安全，依据我国生态环境特征和保护需求，按照生态环境承载力和环境功能区目标约束所设置的环境（产品）质量要求以及污染排放和生态破坏限制、环境风险控制、环境友好导向等方面的限制和约束条件。

（1）生态环境质量目标

与人体直接接触的大气环境、水环境、土壤（食物）以及噪声、辐射等环境质量直接关系到人体健康，是人类对环境的最基本的需求。因此，满足一定的环境质量标准是环境红线管控体系的核心。

同时，生物多样性保护、生态系统健康关系到人类可持续发展和基本的生态伦理，因此生态系统的质量也是环境红线管控体系的一个同等重要的内容。

此外，人类生产生活对产品的消费，也会产生对人体有害的物质，如现代交通工具燃料的燃烧带来的有害物质的排放影响人体健康，涂料的使用带来的有害物质挥发影响人体健康，食品中的添加剂危害人体健康，氟化物影响臭氧层从而破坏生态系统。因此，产品中对人体和生态系统有害物质的含量限值（产品质量）也将是环境红线管控体系中环境质量的一个重要内容。

（2）污染排放和生态破坏限制

目前区域环境质量主要通过环境中污染因子的含量来表征，如氮氧化物浓度、COD 浓度等。这些污染因子的排放，将直接影响区域的环境质量。因此，经济社会活动中污染物的排放将作为环境红线管理的重要手段。

根据污染物排放对环境质量的影响，明确表征污染物排放的关键因子排放口设置的空间布局（如烟囱位置、高度、口径）的要求、排放浓度（污染物排放浓度限值）的要求和排放总量的时间分配（区域或行业污染物在单位时间段内的排放总量）

的要求，即浓度、时间和空间等三方面的要求。

需要强调的是，目前污染物排放总量控制作为一项环境管理手段被广泛应用，并且总量控制目标比较容易达到，但是总量削减与环境质量改善的响应关系并没有那么明显，而且污染物排放总量年度内的时间分配和排放格局的空间分配应受到重视。

同时，对土地占用、植被破坏、水土流失等对生态系统质量产生直接影响的社会经济活动，作为生态破坏因子，也应纳入环境红线管控体系，提出数量、强度和时空格局分布等方面的限制。

（3）环境风险预警

环境事件的频发已经威胁到人类生存。2004 年沱江污染事故、2005 年松花江水污染事故、2006 年岳阳县砷污染事故、2007 年太湖蓝藻事件、2008 年云南阳宗海砷污染事件等一系列特大环境污染事件说明，在经济高速发展的同时，环境危机、突发环境事件有增无减。

这种由自然原因或人类行为引起的，通过环境介质传播，能对人类社会及自然环境产生破坏、损害及毁灭性作用的不良事件的发生越发频繁，环境风险事件的发生，会使污染物集中超量排放，导致局部环境质量恶化甚至带来毁灭性打击。环境风险的发生对人类生存和发展构成了最直接的威胁，将环境风险的管控纳入环境红线管控体系，也是当务之急。表征环境风险的概率以及事故发生后的损失度可作为环境风险红线管控的关键指标。

（4）环境友好导向

以生态环境质量为核心目标，除将污染物排放、生态破坏和环境风险等对生态环境质量构成直接影响因素纳入环境红线管控体系之外，环境影响评价、"三同时"制度、环保验收要求等作为对污染排放和生态破坏行为直接监管的必要手段，也应作为保障环境安全的必要措施纳入环境红线管控体系。

基于对环境安全的考虑，提出行业清洁生产标准、环境标志产品标准等引导性要求，作为保障功能区生态环境质量的前置导向，也应成为环境红线管控体系的一个环节。

9.1.2　红线管控体系框架

环境红线管控体系是指红线约束、黄线警戒、绿线引导的管理对策体系，见图 9 - 1。

环境红线的目标是维护国家环境安全，最核心的体现就是保障区域生态环境质量，与生态环境质量最直接相关的是污染排放和生态破坏，因此生态环境质量要求和污染排放、生态破坏构成了环境红线管控体系的核心，作为系统的核心红线领域。

环境事故一旦发生，将在有限的时间和空间范围内造成高强度的污染排放和生态破坏，可能对区域生态环境质量产生强烈的影响或破坏，环境风险控制作为警戒领域，可视为红线管控体系的黄线领域。

清洁生产、环境标志、循环经济、低碳发展等标准，作为环境友好模式引导经济社会的生产生活活动、引导生态环境质量好转，可视为红线管控体系的绿线领域。

图 9 - 1   环境红线管控体系示意

9.1.3   基于区划的环境红线管控体系

（1）环境功能区质量目标是环境红线管控的核心

环境保护的最终目标是为人民创造良好生产生活环境，为全球生态安全做出贡献，即自然生态系统的健康和人居环境质量的健康。

环境红线管控体系的核心目标是维护国家环境安全，具体包括维护人居环境健康和保障自然生态安全两个层面的含义，即保障与人体直接接触的各环境要素的健康、保障自然生态系统的安全和生态调节功能的稳定发挥两大方面。而维护人居环境健康和保障自然生态安全是环境功能的两大方面，满足不同的功能区对应的环境质量要求，区域环境功能才能稳定发挥，因此，环境红线管控体系的核心目标是环境功能区质量达标。

根据影响环境功能区质量的因素，针对人类生产、生活活动的资源消耗、污染排放、环境风险、生态扰动等，提出环境管理的要求。环境红线管控体系的设计也要以环境功能区质量为核心目标，针对资源消耗、污染排放、环境风险、生态扰动等提出相应的标准限制和管理制度。

（2）环境功能区划是环境红线管控体系建立的基础

我国幅员辽阔，环境国情背景差异巨大，各地主要环境污染物种类、污染水平以及所影响的人群范围不同，要求在全国实施统一的管理对象显然不妥。依据国情特点对全国进行分区环境管理比较适宜。在环境污染调查的基础上，以人群健康和生态健康为主要评判因子，筛选当地主要特征污染物作为管理的对象是环境红线管控体系建立的基础。

环境功能区划是依据社会经济发展需要和不同地区在环境结构、环境状态和使用功能上的差异，对全国陆地国土空间及近岸海域进行环境功能分区，明确各区域的主要环境功能，分区提出环境管理目标和要求。全国环境功能区划方案划定了五大类环境功能区，分别是Ⅰ类自然生态保留区、Ⅱ类生态功能保育区、Ⅲ类食物环境安全保障区、Ⅳ类聚居环境维护区和Ⅴ类资源开发环境引导区，分区分类管理要求各功能区实施相应的环境功能目标与环境管理措施，如Ⅰ类区要确保实现污染物"零排放"，Ⅱ类区要划定生态红线，严格控制污染物排放总量，要实现污染物排放总量的持续下降，Ⅲ类区要依据容量限制污染物排放总量等。

根据环境功能区划，确定分区功能目标，提出生态环境质量标准，即环境质量红线，是建立环境红线管控体系的基础。如大气环境功能区划方案划定了环境空气质量三类功能区，分别与《环境空气质量标准》一级、二级、三级标准相对应，实施分区分级管理。环境红线管控体系建立流程如图9-2所示。

图9-2　环境红线管控体系建立流程

（3）基于环境功能区划的环境红线管控体系框架

根据基于区划的环境管理体系中关于环境质量要求、环境管理要求、产业准入环境要求的框架设计，结合环境红线管控体系中关于环境质量、污染排放和生态破坏限制、环境风险预警和环境友好导向等管理措施，提出基于环境功能区划的环境红线管控体系框架（图9-3）。

环境红线管控体系分类见表9-1。

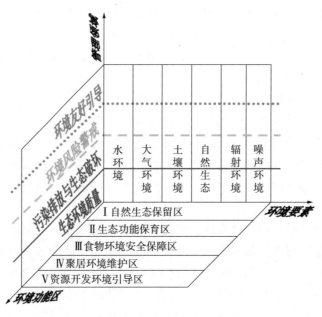

图 9-3　基于环境功能区划的环境红线管控体系

表 9-1　环境红线管控体系分类

要素	生态环境质量控制体系	污染排放与生态破坏管控体系				生态环境风险警戒体系	生态环境友好引导体系
		排放浓度	总量控制	时间	空间		
水环境红线体系	水环境质量红线	水污染物排放浓度限制	水污染物总量限制	丰水年、平水年、枯水年	排污口布置	水环境风险警戒线	水环境友好标志
大气环境红线体系	大气环境质量红线	大气污染物排放浓度限制	大气污染物总量限制	是否采暖季节	排污口布置	大气环境风险警戒线	大气环境友好标志
土壤环境红线体系	土壤环境质量红线	土壤污染物排放浓度限制	土壤污染物总量限制	季节	排污口布置	土壤环境风险警戒线	土壤环境友好标志
声环境红线体系	噪声环境质量红线	噪声、震动排放限制	—	昼夜	排污口布置	噪声环境风险警戒线	声环境友好标志
生态红线体系	生态质量红线	生态破坏限制		季节	生态功能区/自然保护区	生态警戒线	生态文明示范

　　根据环境管理领域、环境要素、管理对象和约束条件的特点，基于环境功能区

划的环境红线管控体系特点分别表征如表 9-2、表 9-3 和表 9-4 所示。

表 9-2 基于环境功能区划的环境红线管控体系——管理领域

一级区	二级区	环境红线管控体系												
		生态环境质量目标			污染排放和生态破坏限制				环境风险警戒		环境友好引导			
		环境质量	生态质量	产品质量	浓度限值	总量控制	时空格局	生态破坏	风险概率	事故损失	清洁生产	循环经济	低碳发展	环保标志
Ⅰ自然生态保留区	自然资源保留区	★	★	★	○	○	○	★	★	★	○	○	○	○
	后备保留区	★	★	★	○	○	○	★	★	★	○	○	○	○
Ⅱ生态功能保育区	水源涵养区	★	★	☆	☆	☆	○	★	★	★	○	○	○	○
	水土保持区	★	★	☆	☆	☆	○	★	★	★	○	○	○	○
	防风固沙区	★	★	☆	☆	☆	○	★	★	★	○	○	○	○
	生物多样性保护区	★	★	☆	☆	☆	○	★	★	★	○	○	○	○
Ⅲ食物环境安全保障区	粮食及优势农产品环境安全保障区	★	★	★	★	★	☆	☆	★	★	☆	☆	☆	☆
	畜禽产品环境安全保障区	★	★	★	★	★	☆	☆	★	★	☆	☆	☆	☆
	水产品环境安全保障区	★	★	★	★	★	☆	☆	★	★	☆	☆	☆	☆
Ⅳ聚居环境维护区	环境优化区	★	★	★	★	★	★	☆	★	★	★	★	★	★
	环境控制区	★	★	★	★	★	★	☆	★	★	★	★	★	★
	环境治理区	★	★	★	★	★	★	☆	★	★	★	★	★	★
Ⅴ资源开发环境引导区		★	★	★	☆	☆	☆	★	★	★	★	★	★	★

说明：★特别关注；☆重点关注；○一般关注

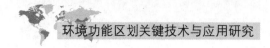

表 9-3　基于环境功能区划的环境红线管控体系——环境要素

一级区	二级区	环境要素											
		水环境红线			大气环境红线			土壤环境红线		生态红线			
		水环境质量	水污染排放	水资源消耗	大气环境质量	大气污染排放	能源消耗	土壤环境质量	农产品质量	生态敏感性	生态脆弱性	生态重要性	生态用地
Ⅰ 自然生态保留区	自然资源保留区	★	☆	☆	★	☆	○	★	○	★	★	★	★
	后备保留区	★	☆	☆	★	☆	○	★	○	★	★	★	★
Ⅱ 生态功能保育区	水源涵养区	★	☆	★	★	☆	☆	★	○	★	★	★	★
	水土保持区	★	☆	☆	★	☆	☆	★	○	★	★	★	★
	防风固沙区	★	☆	☆	★	☆	☆	★	○	★	★	★	★
	生物多样性保护区	★	☆	☆	★	☆	☆	★	○	★	★	★	★
Ⅲ 食物环境安全保障区	粮食及优势农产品环境安全保障区	★	☆	★	★	☆	☆	★	★	☆	☆	☆	○
	畜禽产品环境安全保障区	★	☆	★	★	☆	☆	★	★	☆	☆	☆	○
	水产品环境安全保障区	★	☆	★	★	☆	☆	★	★	☆	☆	☆	○
Ⅳ 聚居环境维护区	环境优化区	★	★	★	★	★	★	★	☆	○	○	○	★
	环境控制区	★	★	★	★	★	★	★	☆	○	○	○	★
	环境治理区	★	★	★	★	★	★	★	★	○	○	○	★
Ⅴ 资源开发环境引导区		★	☆	☆	★	☆	☆	★	○	★	★	★	★

说明：★重点关注；☆一般关注；○不考虑

表 9 - 4　基于环境功能区划的环境红线管控体系——分类特点

一级区	二级区	管理对象特点			约束条件特点		
		点集	线集	面集	空间	数量	管理
Ⅰ自然生态保留区	自然资源保留区	○	☆	★	★	★	★
	后备保留区	○	☆	★	★	★	★
Ⅱ生态功能保育区	水源涵养区	○	☆	☆	☆	☆	☆
	水土保持区	○	☆	☆	☆	☆	☆
	防风固沙区	○	☆	☆	☆	☆	☆
	生物多样性保护区	○	☆	☆	☆	☆	☆
Ⅲ食物环境安全保障区	粮食及优势农产品环境安全保障区	☆	☆	☆	☆	★	★
	畜禽产品环境安全保障区	☆	☆	☆	☆	★	★
	水产品环境安全保障区	☆	☆	☆	☆	★	★
Ⅳ聚居环境维护区	环境优化区	★	★	★	★	★	★
	环境控制区	★	★	★	★	★	★
	环境治理区	★	★	★	★	★	★
Ⅴ资源开发环境引导区		○	★	○	○	○	○

说明：★显著；☆一般显著；○不显著

9.2　环境红线管控分类体系

环境红线管控体系是一个综合管理体系，要能够满足对生产、生活、生态的全方位环境质量需求；要能够反映从产业准入、资源消耗、污染排放、环境风险、产品质量的全过程管理要求；要能够满足水、大气、土壤、生态等多环境要素管理需求。同时，要有必要的配套政策机制作为保障。以红线管控对象与红线管控特点为分类依据，红线管控体系可以有不同的分类体系。

9.2.1　根据管理领域分类的体系

环境红线管控体系包括生态环境质量红线、污染排放和生态破坏红线、环境风险红线、环境友好模式引导红线等。

（1）生态环境质量红线

生态环境质量红线是针对某一区域，需要满足有害物质浓度的限制（如空气中 $PM_{2.5}$ 浓度、水体中 COD 浓度、土壤中重金属含量）和区域有益生态健康指标（如区域森林覆盖率）等。生态环境质量红线是环境红线管控体系的核心。

需要强调的是，直接影响人体健康和生态系统健康的工农业产品中有害物质的

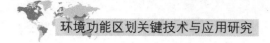

含量在环境保护领域没有得到足够重视，随着产品的消费或消耗，产生对人体和生态系统健康的有害物质，如粮食中的重金属、氟化物等。应当将产品质量标准纳入生态环境质量红线的管理范畴。

（2）污染排放和生态破坏红线

污染排放和生态破坏红线是直接影响区域生态环境质量的污染排放和生态破坏行为的限制，如污染物排放浓度限制（污染物排放标准）、污染物排放总量控制（年度 COD 总量）、污染物排放时空格局（排污口设置）以及生态破坏限制（植被破坏、水土流失、土地占用等）等。污染排放和生态破坏红线是环境红线管控体系的重点，环境管理制度大多体现在这一领域。

当前污染排放总量控制和浓度限制得到重视，但是在满足相同的污染排放总量和浓度限制条件下，不同的污染物排放空间格局和时间序列对环境质量影响效果的差异是非常大的。这是由于污染的扩散和环境自净能力具有明显的时空特点。基于环境保护的根本目标是维护环境安全，对影响环境质量的污染物排放时空格局约束应纳入环境红线管控体系。

此外，当前我国环境管理的主要任务是以 COD 和二氧化硫为主要考核对象实施与经济发展相匹配的污染物减量排放管理。无论上述指标降低多少，我国总体环境质量却在不可避免地日趋恶化。继续仅仅对 COD 和二氧化硫的排放进行限制，显然不能满足客观需要。我国环境管理的直接污染物种类急需更新。基于环境保护的根本目的，环境管理应该首要选取对人体健康损害风险最大的污染物进行控制。依据健康损害风险确定管理的污染物对象，应该成为今后环境管理的基本原则。即使中国当前对限制 COD 和二氧化硫的排放进行了卓有成效的管理，也并不能保证降低人群健康损害的风险。除了二氧化硫之外，近年来大量进入环境的"三致"污染物、内分泌干扰物、持久性污染物等，正在成为更大的健康威胁，但它们却逃脱于我国的环境监控监管之外。依据健康损害大小选取潜在健康危害最大的若干种污染物作为管理监控的对象，是一段时间内实施环境风险管理的重要内容。

（3）环境风险红线（警戒线）

环境风险红线是对区域或行业发生环境风险事故的警戒，用环境风险的概率以及事故发生后的损失度作为环境风险红线的关键指标。环境风险红线是日常风险管理的一个手段。

（4）环境友好引导线

基于对环境安全的考虑，提出环境引导标准，包括行业清洁生产标准、环境标志产品标准等引导性要求，作为保障功能区生态环境质量的前置导向，是环境红线管控体系的补充。

9.2.2　根据环境要素分类的体系

从环境要素上，环境红线可分为水环境红线、大气环境红线、土壤环境红线、生态红线等。

水环境红线是指按照水环境承载力和水环境质量约束设置的水环境保护底线和范围，具体包括污染源（建设项目/已有项目）水资源消耗红线、污染源（建设项目/已有项目）水污染物目标总量红线、污染源（建设项目/已有项目）水污染物排放达标红线、污染源（行业）水污染物目标总量红线、区域（流域）水环境功能区达标红线、区域（流域）水环境容量红线、区域水污染物目标总量红线。

大气环境红线是指按照大气环境承载力和水环境质量约束设置的大气环境保护底线和范围，具体包括污染源（建设项目/已有项目）能源消耗红线、污染源（建设项目/已有项目）大气污染物目标总量红线、污染源（建设项目/已有项目）大气污染物排放达标红线、污染源（行业）大气污染物目标总量红线、区域大气环境功能区达标红线、区域大气环境容量红线、区域大气污染物目标总量红线。

土壤环境红线是指按照国土资源环境承载力和土壤环境质量约束设置的土壤环境保护底线和范围，具体包括区域土壤环境功能区达标红线、区域土壤环境容量红线等。①区域土壤环境功能区达标红线是指为防治土壤污染保护生态环境，维护人体健康所实施的最严格的土壤环境质量标准，依据土壤应用功能具体又分为农业用地土壤环境区达标红线、居住用地土壤环境功能区达标红线、商业用地土壤环境功能区达标红线、工业用地土壤环境功能区达标红线；②区域土壤环境容量红线是指区域内一定土壤环境单元在一定时限内遵循土壤环境质量达标红线，既维持土壤生态系统的正常结构与功能，保证农产品的生物学产量与质量，又不使环境系统污染超过土壤环境所能容纳污染物的最大负荷量。不同土壤其环境容量是不同的，同一土壤对不同污染物的容量也是不同的，这涉及土壤的净化能力。

生态红线是指根据生态系统完整性和连通性的保护需求划定的需实施特殊保护的区域，生态红线包括区域生态红线：①重要生态服务功能保护区红线，重要生态服务功能主要包括涵养水源、保持水土、防风固沙、调蓄洪水等，它是国家生态安全的底线；②生态脆弱区或敏感区生态红线，生态脆弱区或敏感区具有防护、缓冲、过滤、阻隔等功能，它是人居环境与经济社会发展的基本生态保障线；③生物多样性保育区红线，生物多样性资源是维护国土生态安全的物质基础，生物多样性保育区红线是关键物种与生态资源的基本生存线。

9.2.3　根据特点分类的体系

（1）根据管理对象的特点分类

环境红线管控体系根据管理对象的特点可划分为"点集"、"线集"、"面集"三大子体系，分别对应基于企业层面污染源管理方式的点集红线、基于行业层面污染源管理方式的线集红线、基于空间格局管理和区域（流域）层面管理的面集红线。

点集红线主要是针对具体污染排放企业，对于企业的资源利用（包括使用量、资源利用效率和循环利用率等）、污染物排放（包括污染物排放总量、排放浓度限制、排放时序限制——如夜间噪声限制等、排放空间格局——如排污口设置等）、产品质量（如有害物质含量等）等提出约束。

线集红线主要是针对行业系统，提出诸如行业污染物排放总量（如电力行业二氧化硫排放标准）、行业清洁生产标准、行业资源利用标准、行业产品质量标准、行业环境影响评价限批等。

面集红线主要对区域或流域提出区域性限制要求，如自然保护区划分、行政区总量限制、区域目标责任制、城市质量考核、区域（流域）环境影响评价限批等。

（2）根据约束条件的特点分类

根据红线约束条件，环境红线可分为空间红线、数量红线和管理红线。

空间红线是指划定某一定范围空间区域，并提出禁止产业准入或生态保护要求的红线类型，类似于规划红线，如划分自然保护区、重要生态功能区等。

数量红线是指就某项环境指标提出数量控制的要求，如污染物总量控制红线，类似于耕地红线。

管理红线是指就某项环境指标提出管理目标方面的要求，如大气环境质量控制红线、水环境质量控制红线、环境风险控制红线等，类似于水资源红线。

9.3 基于区划的环境红线管控制度设计

环境红线管控的对象涵盖污染源（企业、行业）和区域（流域），其核心是设置红线，实施最严格的环境管控制度。红线管控制度的实施除了需要环境影响评价制度的支持外，还需要其他配套政策的支持，包括环境准入制度、目标总量控制制度、排污交易制度、生态补偿制度以及定期环境执法监督检查制度等。

（1）实行最严格的产业环境准入制度

在加快发展、引进项目的同时，坚持不把降低环保和安全门槛作为招商引资的优惠条件，严格各类规划环评审查和项目环评审批，从决策源头防止环境污染和生态破坏，通过严格的项目环评、环境准入和有效的奖惩激励，倒逼和引导企业不断加快科技创新与升级，推动园区产业升级改造和生态化改造。加快发展低资源消耗、高附加值的第三产业，重点发展劳动密集型服务业和现代服务业，提高第三产业在国民经济中的比重。鼓励发展资源能源利用水平较高的高新技术企业，鼓励运用高新技术和先进适用技术改造和提升传统产业，促进产业结构优化和升级。鼓励和加快发展节能环保低碳产业，积极发展生态旅游和生态健康产业。加强对高耗能行业企业的准入管理，如国家对落后的耗能过高的用能产品、设备实行淘汰制度，节能主管部门要定期公布淘汰的耗能过高的用能产品、设备的目录，并加大监督检查力度。

（2）实施最严格的目标总量控制制度

严格控制新上项目的污染物排放，对没有获得污染物排放总量的项目，坚决不予审批；对未按期完成污染物总量削减目标的地区，暂停审批该地区新增排放总量的建设项目；对生态破坏严重或者尚未完成生态恢复任务的地区，暂停审批对生态有较大影响的建设项目；对未能按期完成年度淘汰落后产能目标任务的地区，暂停对项目的环评、核准和审批；在重点区域如京津冀、长三角、珠三角等区域内严格限制火电、钢铁、水泥、石化等高污染项目，在重点控制区域内的火电、钢铁、石化、水泥、有色、化工六大行业以及燃煤锅炉项目执行污染物特别排放限值，在重点控制区域新建项目实施"倍减替代"，也即实施区域内现役源两倍削减量替代。

（3）实施基于总量控制的排污权有偿使用和排污交易制度

排污权有偿取得和交易制度通过排放许可制度实现，排污许可证制度是以污染物排放总量控制为基础，通过排污权的有偿取得，促进企业减少排污，提高环境污染治理效果、优化产业结构；鼓励实施区域（流域）内排污权交易制度，通过排污交易利用区域（流域）内污染物处理技术条件好的企业使污染物排放总量达到目标总量控制要求，同时实现经济效益最大化。

（4）实施基于主体功能区和环境功能区的生态补偿机制

对禁止开发区域的生态补偿政策包括：建立对禁止开发区域人群直接补偿机制，禁止开发区域的人们因土地等生存空间纳入禁止开发区域，其经济损失和搬迁费用应得到补偿；对因设立禁止开发区域而财政收入受损的地方政府给予一定的补偿；对禁止开发区域的生态保护与恢复项目建设给予一定的补偿；对禁止开发区域的生态环境监管能力建设给予补偿；对禁止开发区域公共服务能力建设提供补偿等。对限制开发区域的生态补偿政策包括：对限制开发区域生态保护与建设项目给予直接补偿；对项目区政府与人民群众因生态保护所受损失进行补偿，包括限制开发区域资源环境污染治理与生态恢复成本等；从提供基本平等的公共服务水平角度，加强对限制开发区域资源环境管理能力、环境基础设施的建设运营的补偿；建立对限制开发区域人口向外转移的补偿政策等。对优化开发区域和重点开发区域应增加物质、资金、项目、技术等的投入，接纳禁止开发区域、限制开发区域人口转移以及开展区域产业合作。

（5）实施基于环境功能分区的分类管理环境政策

根据《全国环境功能区划》和《全国生态功能区划》方案，落实环境质量要求、环境管理要求和产业准入环境要求，建立以环境功能区划为基础的环境管理体系。细化落实主体环境功能区规划的要求，完善保障全国生态安全和人群生活生产健康的空间格局，指导我国社会经济发展与生态环境保护的合理布局。聚居环境维护区要实行更严格的污染物排放标准，逐步增加实行总量控制的污染物种类，推广清洁生产，大幅减少污染物排放，实行严格的产业准入环境标准，注重从源头控制污染，建设项目要加强环境评价和环境风险防范，在加强节水的同时限制入河排污；自然生态保留区要依法关闭所有污染排放企业，实现污染物排放总量持续下降和环境质量状况达标。按照强制保护原则设置产业准入环境标准。区域内旅游开发必须同步建立完善的污水垃圾收集处理系统，慎重开发不利于水生态环境保护的水资源开发调水和水电项目；食物环境安全保障区按照保护和恢复土壤肥力和环境质量的要求设置产业准入环境标准。合理调配水资源，加强水土保持，推进农业结构和种植制度调整，遏制荒漠化，积极发展和消费可再生能源。

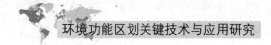

（6）实施最严格的环境执法检查与监督

对环境影响较大的企业进行行政许可和市场准入复查。对不符合要求的限期整顿、整改，合格后重新办理行政许可和市场准入；经整顿、整改仍不符合要求的，采取关、停、并、转措施，规范市场准入秩序。对涉及前置的涉重金属行业和高排放项目等重点行业，进行重点审查，严格检验。严格按照审批核准备案的有关要求和程序依法行政，对已通过审批核准备案的项目加强档案化管理和跟踪、检查。对未按审批核准备案内容建设的项目，同时又影响生态环境、影响民生的部门进行查处。

第四篇 环境功能区划体系与编制试点的研究

地方环境功能区划是地方各级政府根据全国环境功能区划的总体部署划分省级（区域、流域）和县（市）级环境功能区，结合本辖区环境管理需求，细化和落实全国环境功能区划的总体要求，明确区域内水、大气、土壤、自然生态等环境要素的管控措施。通过试点研究，新疆维吾尔自治区明确了不同层级区划的定位，构建了自治区级—地州级—县级的三级区划体系；浙江省以生态功能区划为基础，提出了省级及典型县级环境功能区划分方案，并系统总结了地方尺度环境功能区划编制的技术要点。

第 10 章 环境功能区划体系设计

本章从环境要素、空间尺度等角度，将环境功能区划分为横向区划体系和纵向区划体系。横向区划体系从大气、水、土壤、生态等环境要素出发，制定分区管理目标和指标；纵向区划体系从全国、省区（区域、流域）、市县三级尺度出发，明确不同区划层级的实施重点，逐级落实环境功能区划管控要求。

10.1 环境功能区划体系框架

环境功能区划体系是由综合及各专项环境功能区划组成的一个互相联系的多层次系统，主要由按环境要素控制的横向区划体系和按空间尺度控制的纵向区划体系组成。体现从宏观引导到微观落实的系统思想，是一个下级体现上级要求，逐渐融入地方实际情况并逐级细化的过程。在宏观层面是以综合引导区划为主，在区域层面以要素控制区划为主。综合环境功能区划是对区域经济、社会、自然的综合调查和各专项环境功能区划成果的有机综合与概括，是整个环境功能区划体系的主体和核心。

从环境要素上，区划体系可分为大气环境功能区划、水（环境）功能区划、土壤环境功能区划、噪声环境功能区划、生态功能区划等。其中，水、大气、土壤、生态等专项环境功能区划是根据各环境要素的地域分异规律和突出问题，对本要素建立具体的分区管理目标和指标，不同要素功能区划的划分方法、功能类型、空间范围等可能有较大差异。

从空间尺度上，区划体系可分为全国环境功能区划、省级（区域、流域）环境功能区划和市县（城镇）环境功能区划等。全国环境功能区划是宏观引导型区划，明确全国范围内区域间主要的特征差异和各自的环境战略，为环境管理宏观决策提供科学依据。对国家主要社会经济布局、生态安全格局、资源开发利用方向的引导，将以综合环境功能区划为主，专项环境功能区划只能对环境管理的某一要素方面提出细化的辅助引导策略。市县（城镇）环境功能区划是微观管理型区划，为具体的环境事务管理服务，有准确的地理单元、功能定位、面积边界等内容。要以专项（水、大气、噪声、土壤、生态等）环境功能区划明确专项环境管理的具体标准和指标类别。地方综合环境功能区划仅在地方尺度作为与其他部门宏观区划衔接的接口。省级（区域、流域）环境功能区划是全国区划和市县区划之间的过渡和衔接，既可以作为在宏观引导型区划，侧重明确省域（区域、流域）内各分区主要特征差异和分区环境引导战略；也可以作为微观管理控制区划，对部分规模较大或较重要的环

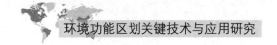

境功能区明确其地理单元、功能定位、面积边界、标准限制等内容，兼顾综合环境功能区划和专项环境功能区划，但是精度要求可以有所不同。

10.2　横向区划体系

横向区划体系可从环境要素来看，将国家环境功能区划分为水（环境）功能区划、大气环境功能区划、土壤环境功能区划、声环境功能区划、生态功能区划等。其中，水、大气、土壤、生态等要素环境功能区划是根据各环境要素的地域分异规律和突出问题建立具体分区管理目标和指标的。

要素区划是综合区划的基础，综合区划是要素区划的指导。同样，下一级区划是上一级区划的基础，上一级区划是下一级区划的指导；各类区划互相衔接，相互参证。在同一区域空间，既存在基于维护国家生态环境安全格局需求的综合引导区划，又存在若干针对要素功能控制的区划方案（如针对水环境保护、生态保护、土壤污染防治、大气环境保护的区划方案等）。针对不同要素功能区划，其划分方法、功能类型、空间范围等可能有较大差异。环境功能区划体系能够科学全面地反映环境功能的地域差异，为因地制宜地指导人类生产生活服务提供基础，便于在管理实践中建立"分区管理、分类指导"的环境管理制度。

10.3　纵向区划体系

按照空间尺度，环境功能区划分为全国环境功能区划和地方环境功能区划两个层面。各级环境功能区划根据各级政府的环境管控职责重点划分本级环境功能区划，作为建立健全本级环境管理体系的基础。

全国环境功能区划在国家尺度上对全国陆地国土空间及近岸海域进行环境功能分区，明确各区域的主要环境功能，分区提出维护和保障主要环境功能的总体目标和对策，并对水、大气、土壤和生态等专项环境管理提出管控导则。全国环境功能区划为优化国家经济社会布局、维护生态安全格局、规范资源开发利用等宏观环境管理决策提供依据，以宏观引导为主。

地方人民政府根据全国环境功能区划的总体部署划分省级（区域、流域）环境功能区划和市级环境功能区划。地方环境功能区划，结合本辖区环境管控需求，细化和落实国家环境功能区划和省级主体功能区规划的总体要求，明确区域内水、大气、土壤、生态等环境要素的管控措施。地方各级环境功能区划的环境功能类型划分指标及阈值设定可有所不同，但环境功能目标、管控措施和要求应不低于全国环境功能区划相应类型区的标准，原则上应按照《全国环境功能区划纲要》的分区类型划分为五类区，也可根据实际情况进行具体调整，但应有自然生态保留区、生态功能保育区和食物环境安全保障区。

省级（自治区、直辖市）环境功能区划既是全国区划在省级尺度的贯彻落实，也是下一级区划编制实施的宏观引导，要结合省域（自治区、直辖市）内各功能分区的主要特征差异和分区环境管控战略，明确主要环境功能类型区的地理位置、功能定位、边界范围、目标和管理要求等。可参照省级环境功能区划要求，编制区域和流域环境功能区划，要体现区域和流域的特色。

县级（市、区）环境功能区划是落实全国和省级环境功能区划的操作层面区划，要明确各类环境功能区的地理位置、功能定位、边界范围，以及水、大气、噪声、土壤、生态等环境要素管理的具体指标和标准阈值。城市（地、州、盟）环境功能区划编制要将城市建成区及近郊区县统一考虑，并纳入城市总体规划编制体系之中，远郊区县可以因地制宜采用单独或者与全市统筹考虑的方式编制环境功能区划。环境功能区划体系如图10-1所示。

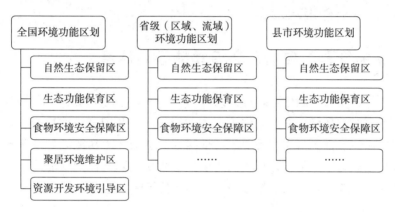

图10-1 国家环境功能区划体系

第11章 新疆维吾尔自治区环境
功能区划编制试点的研究

本章选择新疆维吾尔自治区作为案列,深入开展环境功能区划体系研究与实践。探索构建自治区级—地州级—县级三级区划体系,明确不同层级区划之间衔接的重点,总结试点地区环境功能区划经验,提出省级环境功能区划编制技术要点,完善省级环境功能区划编制技术规范。

11.1 新疆维吾尔自治区环境功能区划体系

在新疆维吾尔自治区构建三级体系,即自治区级—地州级—县级环境功能区划。省级(自治区级)环境功能区划位于主体功能区规划和国家环境功能区划之下,是省级、自治区级层面上落实相关要求的衔接层。县级环境功能区划位于省级(自治区级)环境功能区划之下,是环境功能区划要求落实到具体地块的落地层。地州级环境功能区划是介于省级(自治区级)区划和县级区划之间的衔接层。

11.1.1 三级区划的作用

省级(自治区级)层面的环境功能区划,应在国家层面的环境功能区划的指导下,根据地方特点,确定环境功能区类型,进一步明确环境管理要求,其主要任务,一是落实国家层面环境功能区划的类型和要求;二是指导下一级即县级环境功能区划。

对于地州级环境功能区划,可以有两种做法:第一种:在省级(自治区级)区划的基础上,进行具体的划分,在这个划分的结果下,再进行县级区划的划分;第二种:不做具体的划分,主要任务是完成县级环境功能区划的拼接工作,为完成省级(自治区级)的环境功能区拼接提供图层基础。

第一种做法的弊端在于:①划分的层次过多,不宜形成有条理的完整体系。②需要的数据量大,工作量过大。③由于空间连续性和完整性等大尺度的问题已经放到上一级区划中解决,具体小斑块的问题已经放到下一级区划中解决,在地州级层面上再进行区划的意义不大,且容易与县级的区划工作重复。

虽然如此,但并非表明在地州级层面就不要进行相关工作了,通过三级体系的试点研究认为,地州级层面上的环境功能区划的工作应重点放到图层的拼接上,即采取第二种做法。

县级环境功能区划是将环境管理要求落实到实处的最终一级区划。要求根据县的实际边界和生态环境现状调查、土地利用现状和规划等，细化省级层面的环境功能。

11.1.2　三级区划体系构建的目的

三级区划体系构建的最终目的是形成一个以县域环境功能区划为基础的全疆功能区划电子图，可供各级环保部门实时查询，并对信息进行实时更新，作为建设项目审批、规划审批和产业布局调整等的依据。

目前形成的省级（自治区级）层面上的功能区划并不是一个最终能落地的区划，最终落地的区划需要细致划分到县级层面上。

最终形成的数据库中除了环境功能区的空间分布外，还可补充并实时更新的信息包括：工业企业的位置、重点污染源的位置、新建工业园区的位置。

11.2　自治区级环境功能区划的研究

11.2.1　区划技术方法

从环境功能内涵出发，将生态功能区划、水功能区划、土地资源评价等相关要素区划和研究成果作为区划的重要依据，在分析和评价环境现状与特征的基础上，界定新疆环境功能区类型及其定义。在此基础上，根据环境功能的分异规律对各类主体功能区进行空间细化，形成以自然界限为主，结合行政界限的区划方案，并提出生态红线及重要环境控制单元。针对各环境功能区的特点和发展趋势，提出相应的环境管理目标和要求，实现分类管理。

11.2.1.1　环境功能评价指标体系

根据新疆的特点筛选优化指标，建立适用于新疆的三级环境功能评价指标体系（表 11—1）。三级指标体系中有一级指标 3 个，用来描述区域环境功能，可综合反映出各区域的环境功能类型；二级指标 9 个，用来描述区域自然生态系统功能、人类生活环境潜力；三级指标 23 个，用来描述自然生态系统、人类社会经济发展水平及资源环境现状。

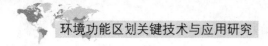

表 11－1　新疆环境功能综合评价指标体系

一级指标	二级指标	三级指标	基础指标
自然生态安全（P_1）	生态系统敏感性	沙漠化敏感性	湿润指数
			冬春季风速大于 6m/s 的天数
			土壤质地
			植被覆盖率（冬春）
		土壤侵蚀敏感性	降水侵蚀力
			土壤质地
			地形起伏度
			植被类型
		盐渍化敏感性	蒸发量/降水量
			地下水矿化度
			地形
	生态系统重要性	水源涵养重要性	降水的空间分布
			水系的产流区、汇流区与消散区分布
			土地利用类型
		土壤保持重要性	1～2 级河流及大中城市河流主要水源水体
			3 级河流及小城市水源水体
			4～5 级河流
		防风固沙重要性	流动沙地
			半流动沙地
			固定沙地
			半固定沙地
人群环境健康（P_2）	人口聚集度	人口密度	总人口
			土地面积
		人口流动强度	暂住人口
	经济发展水平	人均 GDP	GDP
		GDP 增长率	近五年的 GDP

续表

一级指标	二级指标	三级指标	基础指标
区域环境支撑能力（K）	环境容量	大气环境容量	区域总量控制系数
			大气环境质量标准
			污染物背景深度
			功能区面积
			建成区面积
		水环境容量	功能区的目标浓度
			污染物本底浓度
			可利用地表水资源量
			污染物综合降解系数
		承载能力	污染物的环境容量
			污染物的排放量
	环境质量	大气环境质量	二氧化硫污染指数
			氮氧化物污染指数
			总悬浮颗粒物污染指数
		地表水环境质量	Ⅰ～Ⅲ类水质比例
			劣Ⅴ类水质比例
		土壤环境质量	重金属土壤污染指数
			有机物土壤污染指数
	污染排放	水污染物排放指数	化学需氧量排放强度
			氨氮排放强度
		大气污染物排放指数	二氧化硫排放强度
			氮氧化物排放强度
	可利用土地资源	可利用土地资源	适宜建设用地面积
			已有建设用地面积
			基本农田面积
		地表水可利用量	多年平均地表水资源量
			河道生态需水量
			不可控制的洪水量
	可利用水资源	地下水可利用量	与地表水不重复的地下水资源量
			地下水系统生态需水量
			无法利用的地下水
		已开发利用水资源量	农业用水量
			工业用水量
		入境可开发水资源量	现状入境水资源量
			分流域片取值范围

11.2.1.2 环境功能评价方法

采用定量分析和空间叠加分析的方法，综合评价区域环境功能及环境功能倾向。

环境功能综合评价指数（A），由3个一级综合指标计算得出。计算方法见本书"4.4 环境功能综合评价指数"章节。

区域综合评价指数越高的地区环境功能越偏向于维护人群环境健康，反之则偏向于保障自然生态安全。

11.2.1.3 单项指标评价结果

（1）生态系统敏感性评价结果

新疆生态系统敏感区主要分布在塔里木盆地、准噶尔盆地和噶顺戈壁，生态系统较敏感区和一般敏感区主要分布在塔里木盆地外围、准噶尔盆地南缘等荒漠绿洲交错带，各等级面积统计见表11-2。

表11-2　新疆生态系统敏感性评价

评价等级	面积/km²	面积占比/%
不敏感	40 313	2.48
略敏感	498 419	30.62
一般敏感	14 144	0.87
较敏感	20 686	1.27
敏感	1 054 405	64.77

（2）生态系统重要性评价结果

新疆生态重要性高和较高的区域主要分布在山地及绿洲地区，生态重要性中等和一般的区域主要分布在荒漠、戈壁和沙漠地区。各等级面积统计见表11-3。

表11-3　新疆生态系统重要性评价

评价等级	面积/km²	面积占比/%
高	835 240	51.3
较高	184 696	11.34
中等	245 275	15.07
一般	362 814	22.29

（3）人口聚集度评价结果

新疆人口集聚度高和较高的区域主要分布在天山北坡、伊犁谷地、喀什平原、库尔勒、阿克苏等绿洲区域，其他地区人口聚集度相对较小，各等级面积统计见表11-4。

表 11-4　新疆人口聚集度评价

评价等级	面积/km²	面积占比/%
低	1 540 779	94.59
较低	43 440	2.67
中等	36 234	2.22
较高	7 830	0.48
高	683	0.04

（4）经济发展水平评价结果

新疆经济发展水平总体偏低，在空间上表现为北部大于南部，主要集中在天山北坡各县市和库尔勒市。在经济基础比较差的地区，近年经济增长迅猛，整个自治区的经济趋于协调均衡发展的态势。各等级面积统计见表 11-5。

表 11-5　新疆经济发展水平评价

评价等级	面积/km²	面积占比/%
低	1 577 546	96.84
较低	12 459	0.76
中等	25 733	1.58
较高	5 391	0.33
高	7 837	0.48

（5）环境容量指数评价结果

新疆大气和水环境容量较大，超载地区主要集中在天山北坡各县市，从阜康到奎屯均有不同程度的超载，其余地区基本无超载。各等级面积统计见表 11-6。

表 11-6　新疆环境容量评价

评价等级	面积/km²	面积占比/%
无超载	1 587 221	97.44
轻度超载	10 495	0.64
中度超载	19 364	1.19
重度超载	11 886	0.73

（6）环境质量指数评价结果

新疆环境质量略差地区的分布情况和工业化水平基本一致，主要集中在天北、天南部分经济发展水平较好城市的建成区。总体上看，新疆的环境质量均为优良等级。各等级面积统计见表 11-7。

表 11-7　新疆环境质量评价

评价等级	面积/km²	面积占比/%
优	1 627 404	99.9
良	503	0.03
轻度污染	180	0.01
中度污染	879	0.05

（7）污染物排放指数评价结果

新疆污染物排放压力相对较大的地区主要集中在天山北坡和天山南坡等区位优势好、资源丰富、人口聚集、经济水平较高的区域。各等级面积统计见表 11-8。

表 11-8　新疆污染物排放评价

评价等级	面积/km²	面积占比/%
压力轻	1 587 221	97.44
压力中等	10 495	0.64
压力较大	19 364	1.19
压力大	11 886	0.73

（8）可利用土地资源指数评价结果

新疆人均可利用土地资源东南高于西北，最丰富的区域主要是地域广阔和人口稀少的若羌、民丰与和布克赛尔。各等级面积统计见表 11-9。

表 11-9　新疆可利用土地资源评价

评价等级	面积/km²	面积占比/%
缺乏	728 091	44.66
较缺乏	316 658	19.42
一般	144 712	8.88
较丰富	186 300	11.43
丰富	254 633	15.62

（9）可利用水资源指数评价结果

新疆人均可利用水资源潜力较大，其中处于较丰富和丰富水平的地区占24.21%，但塔里木河干流大部分区域表现为潜力缺乏，其余缺乏地区主要分布在东疆地区和南疆地区，表现为水量较欠缺。各等级面积统计见表 11-10。

表 11 - 10　新疆可利用水资源评价

评价等级	面积/km²	面积占比/%
缺乏	193 462	11.87
较缺乏	926 210	56.81
一般	116 026	7.12
较丰富	37 337	2.29
丰富	357 359	21.92

11.2.1.4　环境功能综合评价结果

在指标体系评价的基础上，计算出全疆各区域的环境功能综合评价指数，通过调试初步设置划分阈值，其功能倾向及面积统计见表 11 - 11。

表 11 - 11　新疆环境功能倾向评价

A	环境功能倾向	面积/km²	面积占比/%
-1.5~0.5	以保障自然生态安全为主	1 371 355	84.31
0.5~3	环境功能过渡区	179 987	11.07
3~5	以维护人群环境健康为主	75 137	4.62

新疆的区域环境功能倾向特征为：以保障自然生态安全为主的区域主要分布在塔克拉玛干、古尔班通古特沙漠大部分地区，昆仑山、天山的高海拔地区以及其他生态环境重要的地区。以维护人群环境健康为主的区域主要分布在天山南北坡、阿尔泰山南坡、昆仑山北坡等交通区位好、自然资源丰富、地形平坦的绿洲区内。环境功能过渡区主要分布在南北疆低山带和平原荒漠绿洲交错带。

11.2.1.5　主导环境功能识别

同一区域具有多种环境功能，通过综合考虑生态系统的现状以及社会经济发展的需要，采用专家咨询评价的方法，识别区域的主导环境功能。

（1）自然资源保留区识别

自然资源保留区依据国家级和自治区级自然保护区、风景名胜区、森林公园、湿地公园、饮用水水源保护区、世界自然文化遗产、地质公园的法定边界进行划分。

（2）水源涵养区识别

综合考虑新疆降水的空间分布与水系的产流区、汇流区、使用与消散区等流域位置关系，以及土地覆盖类型对水源的涵养能力等，依据水源涵养功能重要性评价的结果，将水源涵养功能极重要和中等重要的区域初步识别为水源涵养区。

水源涵养功能极重要地区主要分布在阿尔泰山、天山、昆仑山的中高山区。中等重要地区主要分布在阿尔泰山南坡低山区、准噶尔西部山地、天山北坡中低山区、天山南坡中低山区。

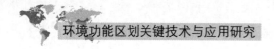

（3）水土保持区识别

综合考虑土壤侵蚀敏感性以及可能造成的对下游河床、水资源和绿洲的危害程度与范围等，依据水土保持功能重要性评级结果，将水土保持功能极重要和中等重要的区域初步识别为水土保持区。

水土保持功能极重要地区主要分布在阿尔泰山南麓山前带状地区，准噶尔西部山地东南麓地区，伊吾谷地、博尔塔力谷地中上部地区，伊犁谷地，昆仑山山间盆地，阿尔泰山、天山、昆仑山山间河谷。中等重要地区主要分布在阿尔泰山区，准噶尔西部山地，天山北麓山区中低山区，天山南麓山区，帕米尔—喀喇昆仑山—昆仑山山区。

（4）防风固沙区识别

综合考虑影响人口数量、植被覆盖、全年风速大于 6m/s 的大风天数、土壤质地等，依据防风固沙功能重要性评价结果，将防风固沙功能极重要和中等重要的区域初步识别为防风固沙区。

防风固沙功能极重要地区主要分布在准噶尔盆地南缘绿洲外围区，塔里木河中下游沿河岸地区，塔克拉玛干沙漠南缘绿洲外围区，和田河、孔雀河、车尔臣河沿岸地区。中等重要地区主要分布在叶尔羌河下游沿岸地区、准噶尔盆地、环塔里木盆地绿洲外围区。

（5）食物环境安全保障区识别

依据土地适宜性评价结果，结合现状耕地和主体功能区定位及《新疆草地功能区划》，将现状耕地以及主体功能区中的国家级农产品主产区中的一级、二级宜农土地和农区牧业发展区初步识别为食物环境安全保障区。主要位于塔城盆地、伊犁河流域、准噶尔盆地南缘以及塔里木盆地北缘的绿洲及其外围。

（6）聚居环境维护区识别

依据人口聚居度、经济发展水平等指标，将城镇化区域识别为聚居环境维护区。

综合考虑环境质量、污染物排放压力、环境治理设施水平等的差异，将人类活动聚居度高、经济社会发达、污染治理设施完善、环境质量较好的区域识别为环境优化区；将城镇化和工业化潜力较大、污染排放和环境风险防范压力较大、环境质量尚可的区域识别为环境控制区；将人口聚居度较高但污染较重、污染治理设施不完善、环境质量较差的地区识别为环境治理区。

11.2.1.6　环境功能区划分条件

以各评价单元环境功能综合评价值为基础，在初步识别决定各类环境功能区功能定位的主导因素的基础上，结合现有的相关行业区划和规划的成果，以及各类环境功能区的优先顺序，综合考虑和衔接，重点参考《国家主体功能区规划》《新疆主体功能区规划》《全国生态功能区划》《新疆生态功能区划》《新疆生态环境功能区划》《新疆维吾尔自治区"十二五"主要污染物总量控制规划》，对各类环境功能类型区与亚类进行总体复核和调整，最终确定各类环境功能类型及其亚类的划分条件，见表 11-12。

表 11-12　新疆各环境功能类型区初步识别

类型	亚类	划分条件
I 自然生态保留区	I-1 自然资源保留区	国家及自治区级自然保护区和湿地公园、国家森林公园、国家风景名胜区、国家地质公园、饮用水水源保护区等的法定范围
II 生态功能保育区	II-1 水源涵养区	冰川、永久积雪区；山区、年降水量 400mm 以上、高覆盖度草地或林地；结合生态功能重要性评价结果和主体功能区规划，划分重要水源涵养区和一般水源涵养区
		（1）重要水源涵养区：水源供给能力强、生态保留较完好、森林分布较集中、水源涵养强并对区域起着重要生态保障作用的区域； （2）一般水源涵养区：水源涵养区中除重要水源涵养区以外的区域
	II-2 水土保持区	山区、水源涵养区以外的区域；依据土壤保护重要性评价结果，结合禁牧区以及水土流失治理区等成果，划分重要水土保持区和一般水土保持区
		（1）重要水土保持区：自治区确定的禁牧区；自治区水土保持三区公告重点治理区； （2）一般水土保持区：重要水土保持区以外的其他水土保持区
	II-3 防风固沙区	具有一定植被覆盖度的绿洲外围荒漠区；结合生态功能重要性评价结果以及对绿洲生态保障的重要程度，划分重要防风固沙区和一般防风固沙区
		（1）重要防风固沙区：林草分布较集中、植被覆盖度高、具备较强防风固沙能力，且邻近重要绿洲，对绿洲起着重要生态保障作用的防风固沙区； （2）一般防风固沙区：防风固沙区中除重要防风固沙区以外的区域
III 食物环境安全保障区	III-1 粮食及优势农产品环境安全保障区	主体功能区规划为重点开发区的，其农产品环境安全保障区划分依据为土地利用中的耕地；主体功能区规划为农产品主产区的，其农产品环境安全保障区划分依据为土地利用中的耕地及绿洲内在土地资源评价中属一级、二级宜农宜牧的区域；畜牧部门制定的《新疆草地功能区划》中的草原畜牧业发展区
IV 聚居环境维护区	IV-1 环境优化区	环境部门命名的生态县、环境保护模范城市等的建成区及其外围一定区域，范围参考《新疆维吾尔自治区"十二五"主要污染物总量控制规划》中确定的大气污染物重点控制区域
	IV-2 环境控制区	除环境优化区和环境治理区以外的其他城镇化区域，范围参考《新疆维吾尔自治区"十二五"主要污染物总量控制规划》中确定大气污染物重点控制区域
	IV-3 环境治理区	环境质量不达标、污染治理设施不完善的城镇化区域，范围参考《新疆维吾尔自治区"十二五"主要污染物总量控制规划》中确定大气污染物重点控制区域

11.2.2　与相关规划和区划的关系

（1）与主体功能区规划的关系

新疆环境功能区划是新疆生态环境保护领域落实国家和自治区主体功能区战略的具体实践，是自治区制定国民经济发展规划、资源开发利用规划、生态保护与建设规划等相关规划的基础，是各地优化国民经济发展格局、实施环境科学管理的依据，也是进一步编制和实施地州、市县级环境功能区划的蓝本和基础。

主体功能区规划作为国土空间开发的战略性、基础性和约束性规划，是编制环境功能区划的重要依据。省级的主体功能区规划，除禁止开发区和自治区级重点开发区外，其他主体功能类型区均以县域的行政区划为界线，均包括了生态空间、城镇化空间和农牧业空间，每类主体功能区内都包括多个不同的环境功能。

环境功能区划是在主体功能区规划的基础上，针对环境问题的区域差异性和自然环境的空间分异规律，对主体功能空间按照环境功能进行空间细化，明确每类环境功能区的环境管理措施，是实施主体功能区战略的重要途径。

环境功能区与主体功能区的关系见图 11－1。

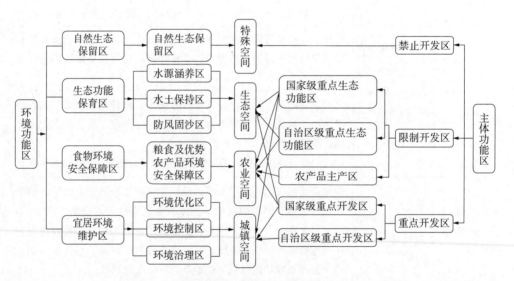

图 11－1　新疆环境功能区与新疆主体功能区关系图

（2）与新疆生态环境功能区划的关系

新疆环境功能区划以新疆生态环境功能区划为基础。但环境功能区划不同于生态区划，其区划结果也不完全等同于生态环境功能区划。环境功能区划不是现状区划，而是在协调资源环境保护和产业发展的基础上，对未来环境功能进行定位的区划，并利用环境管理要求来优化未来的产业布局。在环境管理导则上，增加环境保护目标、环境质量目标、污染物防治措施等内容。

（3）与其他相关部门区划、规划的关系

环境功能区划是在充分借鉴农业、林业、国土、水利等部门区划思路、方法和方案基础上形成的，在实施过程中与其他相关部门区划互为依托。相关部门区划的编制和实施，特别是涉及自然资源利用和生态环境问题的内容，必须与环境功能区划相衔接。

环境功能区划提出环境功能资源的利用方向、引导区域可持续发展，是环境保护规划的基础。环境保护规划基于环境功能区划的空间引导要求，分区提出环境保护和生态建设措施，是落实环境功能区划目标和要求的重要途径。

（4）与全国及县级环境功能区划的关系

按照空间尺度，环境功能区划可分为全国环境功能区划和地方环境功能区划。

全国环境功能区划是在国家尺度上对全国陆地国土空间及近岸海域进行环境功能分区，其环境管理目标和要求以宏观引导为主，为优化国家经济社会布局、维护生态安全格局、规范资源开发利用等宏观环境管理决策提供依据。

县（市、区）级环境功能区划是落实全国环境功能区划的操作层面，在全国和省级环境功能区划的基础上落实各类环境功能区的地理位置、功能定位、边界范围以及具体管理要求等。

省级环境功能区划是全国区划和县（市）级区划之间的过渡和衔接，既是全国区划在省级尺度的贯彻落实，也是下一级区划编制实施的宏观引导。按照本辖区环境管理需求，细化和落实全国环境功能区划的总体要求，结合辖区内各功能分区主要特征差异和分区环境管控战略，明确各环境功能亚类的地理单元、功能定位、边界范围、目标和管控要求等。

11.2.3　区划方案

11.2.3.1　环境功能类型区

将国土空间划分为五大类环境功能区，即自然生态保留区、生态功能保育区、食物环境安全保障区、聚居环境维护区和资源开发环境引导区。其中自然生态保留区面积 20.96 万 km^2，占全疆国土面积的 12.84%；生态功能保育区面积 153.88 万 km^2，占全疆国土面积的 94.25%；食物环境安全保障区面积 7.22 万 km^2，占全疆国土面积的 4.42%；聚居环境维护区面积 2.17 万 km^2，占全疆国土面积的 1.33%。各类环境功能区见表 11-13 和图 11-2。

表 11 - 13　新疆区划结果表

环境功能区	环境功能亚区	面积/km²		面积占比/%	
Ⅰ 自然生态保留区	Ⅰ-1 自然资源保留区	20.96	20.96	12.84	12.84
Ⅱ 生态功能保育区	Ⅱ-1 水源涵养区（重要）	153.88	7.97	94.25	4.88
	Ⅱ-1 水源涵养区（一般）		11.61		7.11
	Ⅱ-2 水土保持区（重要）		36.05		22.08
	Ⅱ-2 水土保持区（一般）		14.12		8.65
	Ⅱ-3 防风固沙区（重要）		8.78		5.38
	Ⅱ-3 防风固沙区（一般）		75.35		46.15
Ⅲ 食物环境安全保障区	Ⅲ-1 粮食及优势农产品环境安全保障区	7.22	7.22	4.42	4.42
Ⅳ 聚居环境维护区	Ⅳ-1 环境优化区	2.17	0.13	1.33	0.08
	Ⅳ-2 环境控制区		1.25		0.77
	Ⅳ-3 环境治理区		0.79		0.48

注：①其中生态功能保育区、聚居环境维护区、食物环境安全保障区对全区进行全覆盖，自然生态保留区面积另行计算；

②自然生态保留区范围与其他区域有重叠。对于同一区域属于两类功能区时，按照严格的环境管理要求执行。

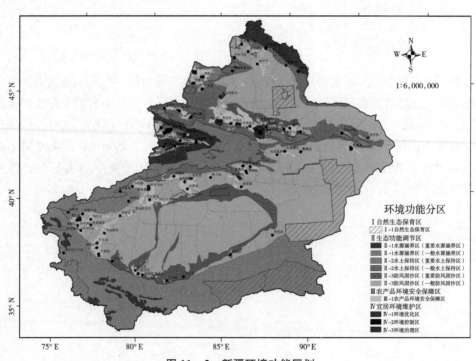

图 11 - 2　新疆环境功能区划

新疆环境功能区与新疆主体功能区的对应关系，见表 11-14。

表 11-14　新疆各类环境功能区

环境功能区	环境功能亚区	主导环境功能	主体功能区对应的功能	主体功能区
Ⅰ自然生态保留区	Ⅰ-1自然资源保留区	特定功能	特定功能	禁止开发区
Ⅱ生态功能保育区	Ⅱ-1水源涵养区	提供生态服务功能	提供生态产品	重点生态功能区中的生态空间；农产品主产区中的生态空间；国家级重点开发区中的生态空间
	Ⅱ-2水土保持区			
	Ⅱ-3防风固沙区			
Ⅲ食物环境安全保障区	Ⅲ-1粮食及优势农产品环境安全保障区	保障产地环境安全	提供农产品	重点生态功能区中的农牧业空间；国家级重点开发区中的农牧业空间；农产品主产区中的农牧业空间
Ⅳ聚居环境维护区	Ⅳ-1环境优化区	提供人居环境	提供工业品与服务产品	自治区级重点开发区的城镇空间；国家级重点开发区中的城镇空间
	Ⅳ-2环境控制区			
	Ⅳ-3环境治理区			

（1）自然生态保留区

包括自然保护区（国家级和自治区级）、风景名胜区（国家级和自治区级）、森林公园（国家级和自治区级）、国家地质公园、县级以上集中式饮用水水源保护区、国家湿地公园、世界自然文化遗产地。目前全疆共有自治区级以上的自然保护区 26 个，自治区级以上的风景名胜区 17 个，自治区级以上的森林公园 48 个，国家地质公园 5 个，自治区人民政府批准建立的饮用水水源保护区 285 个，国家湿地公园 6 处（表 11-15）。总面积 25.16 万 km^2，占全疆面积的 16%。其中自然保护区面积 21.62 万 km^2，风景名胜区面积 1.6 万 km^2，森林公园面积 1.29 万 km^2，国家地质公园面积 0.3 万 km^2，国家湿地公园面积 0.2 万 km^2，饮用水水源保护区面积 0.3 万 km^2。

表 11-15　新疆自然生态保留区

名称	个数	面积/km^2	对应主体功能区
自然保护区	29	21.62	禁止开发区
风景名胜区	17	1.605 5	禁止开发区
森林公园	48	1.294 5	禁止开发区
国家地质公园	5	0.306 5	禁止开发区
国家湿地公园	6	0.235	禁止开发区
饮用水水源保护区	285	0.3	禁止开发区

（2）生态功能保育区

生态功能保育区分布在山区和绿洲外围的部分荒漠区，包括水源涵养区、水土保持区和防风固沙区。

1）水源涵养区

水源涵养区分布在阿尔泰山、天山、准噶尔西部山地的塔尔巴哈台、巴尔鲁克山、玛依勒山的中高山森林草原带及其以上区域，帕米尔—喀喇昆仑山—昆仑山高山区，总面积21.85万km²，占全疆面积的13.38%。

水源涵养区以生态功能重要性评价结果和主体功能区规划为依据，划分为重要水源涵养区和一般水源涵养区。重要水源涵养区为水源供给能力强、生态保留较完好、森林分布较集中、水源涵养强，并对区域起着重要生态保障作用的区域，是全疆生态功能极为重要的区域，也是自治区"三屏两环"生态安全格局的核心区域，分布在阿尔泰山、天山西部山地的中高山、帕米尔—喀喇昆仑山—昆仑山的极高山，面积11.67万km²。一般水源涵养区为除重要水源涵养区以外的其他水源涵养区，分布在准噶尔西部山地、天山等山地的中高山，总面积10.18万km²。

新疆水源涵养区由阿尔泰山重要水源涵养区、伊犁河流域重要水源涵养区、帕米尔—喀喇昆仑山—昆仑山重要水源涵养区、准噶尔西部山地水源涵养区、天山北坡水源涵养区、天山南坡水源涵养区、东天山水源涵养区组成。各水源涵养区分布、面积及对应的主体功能区见表11-16。

表11-16　新疆水源涵养区

级别	名称	分布	面积/万km²	对应主体功能区
重要	阿尔泰山重要水源涵养区	阿勒泰市、哈巴河县、布尔津县、福海县、富蕴县、青河县	2.59	国家级重点生态功能区——阿尔泰山地森林生态功能区中的中高山区
	伊犁河流域重要水源涵养区	伊宁市、伊宁县、霍城县、尼勒克县、新源县、巩留县、特克斯县、昭苏县、察布查尔锡伯自治县	2.97	自治区级重点生态功能区——天山西部森林草原生态功能区和国家级农产品主产区中的中高山区
	帕米尔—喀喇昆仑山—昆仑山重要水源涵养区	塔什库尔干县、阿克陶县、莎车县、叶城县、皮山县、和田县、策勒县、于田县、且末县、若羌县	6.11	国家级重点生态功能区——塔里木河荒漠生态功能区、阿尔金草原荒漠化防治生态功能区，自治区级重点生态功能区——中昆仑山高寒荒漠草原生态功能区中的中高山区

续表

级别	名称	分布	面积/万 km²	对应主体功能区
一般	准噶尔西部山地水源涵养区	叶城县、额敏县、和布克赛尔县、裕民县、托里县、吉木乃县	0.95	自治区级重点生态功能区——准噶尔西部荒漠草原生态功能区和塔额盆地湿地草原生态功能区中的中高山区
	天山北坡水源涵养区	乌鲁木齐市、温泉县、博乐市、精河县、沙湾县、乌苏市、玛纳斯县、呼图壁县、昌吉市、阜康市、吉木萨尔县、奇台县、木垒哈萨克自治县	3.08	国家级开发区，国家级农产品主产区，自治区级重点生态功能区——夏尔希里山地森林生态功能区中的中高山区
	天山南坡水源涵养区	和硕县、和静县、轮台县、库车县、拜城县、温宿县、乌什县、阿合奇县、柯坪县、阿图什市、乌恰县	5.97	国家级重点生态功能区——塔里木河荒漠化防治生态功能区，自治区级重点生态功能区——天山南坡中段山地草原生态功能区、塔里木盆地西北部荒漠生态功能区、天山南坡西段荒漠草原生态功能区和国家级农产品主产区中的中高山区
	东天山水源涵养区	哈密市、巴里坤县、伊吾县	0.18	国家级重点开发区、自治区级重点生态功能区——准噶尔东部荒漠草原生态功能区和国家级农产品主产区中的中高山区

2）水土保持区

水土保持区分布在阿尔泰山低山、天山北坡低山、天山南坡及东天山中低山、准噶尔西部低山、喀喇昆仑山—昆仑山—阿尔金山中低山，总面积50.17万 km²，约占全疆面积的30.73%。

水土保持区依据土壤保护重要性评价结果，结合禁牧区以及水土流失治理区等成果划分为重要水土保持区和一般水土保持区。重要水土保持区为土壤保护极重要、水土流失严重、需重点防治水土流失的区域，主要位于帕米尔—喀喇昆仑山—昆仑山的中低山区，面积36.04万 km²。一般水土保持区为除重要水土保持区以外的其他水土保持区，分布在阿尔泰山、伊犁河流域、准噶尔西部山地、天山等山地的中低山，总面积14.12万 km²。

新疆水土保持区由喀喇昆仑山—昆仑山—阿尔金山重要水土保持区和阿尔泰山水土保持区、准噶尔西部山地水土保持区、伊犁河流域水土保持区、天山南坡水土保持区、天山北坡水土保持区、东天山水土保持区组成。各水土保持区分布、面积及对应的主体功能区见表11-17。

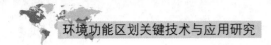

表 11-17　新疆水土保持区

级别	名称	分布	面积/万 km²	对应主体功能区
重要	喀喇昆仑山—昆仑山—阿尔金山重要水土保持区	阿克苏市、乌什县、阿合奇县、柯坪县、巴楚县、乌恰县、阿图什县、伽师县、喀什市、疏附县、阿克陶县、英吉沙县、塔什库尔干塔吉克自治县、莎车县、泽普县、叶城县、皮山县、和田县、墨玉县、洛浦县、策勒县、于田县、民丰县、且末县、若羌县	36.04	国家级重点生态功能区——塔里木河荒漠生态功能区、阿尔金草原荒漠化防治生态功能区，自治区级重点生态功能区内——天山南坡西段荒漠草原生态功能区、塔里木盆地西北部荒漠生态功能区、中昆仑山高寒荒漠草原生态功能区中的中低山区
一般	阿尔泰山水土保持区	阿勒泰市、哈巴河县、布尔津县、福海县、富蕴县、青河县	1.34	国家级重点生态功能区——阿尔泰山地森林生态功能区中的低山区
	伊犁河流域水土保持区	伊宁市、伊宁县、霍城县、尼勒克县、新源县、巩留县、特克斯县、昭苏县、察布查尔锡伯自治县	1.12	自治区级重点生态功能区——天山西部森林草原生态功能区和国家级农产品主产区中的低山区
	准噶尔西部山地水土保持区	塔城市、额敏县、和布克赛尔县、裕民县、托里县、吉木乃县	2.99	自治区级重点生态功能区——准噶尔西部荒漠草原生态功能区和塔额盆地湿地草原生态功能区的中低山区
	天山北坡水土保持区	温泉县、博乐市、精河县、额敏县、裕民县、托里县、和布克赛尔蒙古自治县、乌苏市、奎屯市、尼勒克县、克拉玛依市、沙湾县、石河子市、玛纳斯县、呼图壁县、乌鲁木齐市、昌吉市、阜康市、吉木萨尔县、奇台县、木垒哈萨克自治县	4.02	国家级开发区，国家级农产品主产区和自治区级重点生态功能区——夏尔希里山地森林生态功能区中的低山区
	天山南坡水土保持区	鄯善县、吐鲁番市、托克逊县、和静县、和硕县、博湖县、焉耆回族自治县、库尔勒市、尉犁县、轮台县、库车县、新和县、拜城县、温宿县	2.43	国家级农产品主产区、自治区级重点生态功能区——天山南坡中段山地草原生态功能区的中低山区
	东天山水土保持区	哈密市、巴里坤县、伊吾县	2.22	国家级农产品主产区和自治区级重点生态功能区——准噶尔东部荒漠草原生态功能区中的中低山区

3）防风固沙区

防风固沙区分布在塔里木盆地、准噶尔盆地和吐哈盆地的荒漠区，面积 84.13 万 km²，占新疆国土面积的 51.53%。

防风固沙区以生态功能重要性评价结果以及对绿洲生态保障的重要程度为依据划分为重要防风固沙区和一般防风固沙区。重要防风固沙区为林草分布较集中、植被覆盖度高、具备较强防风固沙能力，且邻近重要绿洲，对绿洲起着重要生态保障作用的区域，也是自治区"三屏两环"生态安全格局中保障环准噶尔盆地边缘绿洲区和环塔里木盆地边缘绿洲区的核心区域，分布在准噶尔盆地南缘、塔里木河中下游、塔里木盆地南缘，邻近天山北坡经济带、环塔里木盆地的重要绿洲区，沿绿洲外围以及塔里木河、和田河、克里雅河、尼雅河、车尔臣河等内陆河，呈长条带状分布，面积 8.78 万 km²。重要防风固沙区内荒漠植被盖度较高，河岸林分布较集中，具备重要的天然防风固沙功能，是保障绿洲生态系统的重要生态安全屏障，对其执行较一般防风固沙区更为严格的环境管理要求。一般防风固沙区为除重要防风固沙区以外的其他防风固沙区，分布在准噶尔盆地、塔里木盆地、吐哈盆地等荒漠区，有一定盖度较大面积的荒漠植被分布，面积 75.35 万 km²。

新疆防风固沙区由准噶尔盆地南缘重要防风固沙区、塔里木河中下游重要防风固沙区、塔里木盆地南缘重要防风固沙区、额尔齐斯河流域防风固沙区、准噶尔盆地防风固沙区，吐哈盆地防风固沙区、塔里木盆地防风固沙区组成。各防风固沙区分布、面积及对应的主体功能区见表 11-18。

表 11-18　新疆防风固沙区

级别	名称	分布	面积/万 km²	对应主体功能区
重要	准噶尔盆地南缘重要防风固沙区	乌鲁木齐市、塔城地区（乌苏市、沙湾县）和昌吉州一市六县	1.16	国家级重点开发区和国家级农产品主产区内的绿洲外围
	塔里木河中下游重要防风固沙区	巴楚县、阿瓦提县、阿克苏市、新和县、沙雅县，库车县、轮台县、库尔勒市和尉犁县	3.69	国家级农产品主产区和国家级重点生态功能区——塔里木河荒漠化防治生态功能区中的塔里木河河岸带
	塔里木盆地南缘重要防风固沙区	皮山县、墨玉县、和田县、和田市、洛甫县、策勒县、于田县、民丰县	3.93	国家级重点生态功能区——塔里木河荒漠化防治生态功能区和阿尔金草原荒漠化防治生态功能区中的绿洲边缘及主要内陆河河岸带

级别	名称	分布	面积/万 km²	对应主体功能区
一般	准噶尔盆地防风固沙区	布尔津县、吉木乃县、哈巴河县、福海县、富蕴县、青河县、乌鲁木齐市、克拉玛依市、乌苏市、精河县、沙湾县、托里县、和布克赛尔县、玛纳斯县、呼图壁县、昌吉市、阜康市、奇台县、吉木萨尔县、木垒县、巴里坤县、伊吾县	17.54	国家级重点生态功能区——阿尔泰山地森林草原生态功能区内、自治区级重点生态功能区——准噶尔西部荒漠草原生态功能区、国家级重点开发区和国家级农产品主产区中的荒漠区
	吐哈盆地防风固沙区	吐鲁番市、鄯善县、托克逊县、哈密市	13.13	国家级农产品主产区中的荒漠区
	塔里木盆地防风固沙区	库尔勒市、轮台县、尉犁县、若羌县、且末县、和硕县、阿克苏市、温宿县、库车县、沙雅县、新和县、拜城县、阿瓦提县、柯坪县、阿克陶县、疏附县、疏勒县、英吉沙县、泽普县、莎车县、叶城县、麦盖提县、岳普湖县、伽师县、巴楚县、和田市、和田县、墨玉县、皮山县、洛浦县、策勒县、于田县、民丰县	44.68	国家级重点生态功能区——塔里木河荒漠化防治生态功能区和阿尔金草原荒漠化防治生态功能区、自治区级重点生态功能区——塔里木盆地西北部荒漠生态功能区以及国家级农产品主产区中的荒漠区

（3）农产品环境安全保障区

农产品环境安全保障区分布在新疆绿洲农牧区内，为土地熟化程度高、有机质相对丰富、灌排渠系完善的耕作区，包括准噶尔盆地北部、伊犁河谷、准噶尔盆地南部、东疆、塔里木盆地北部、塔里木盆地西南、塔里木盆地南部等绿洲内的现有耕地及其周边。总面积 7.22 万 km²，占全疆面积的 4.42%。

新疆食物环境安全保障区由天山北坡食物环境安全保障区、天山南坡食物环境安全保障区、塔额盆地食物环境安全保障区、阿尔泰食物环境安全保障区、东疆食物环境安全保障区、塔里木盆地西南食物环境安全保障区组成。各食物环境安全保障区分布、面积及对应的主体功能区见表 11-19。

表 11-19　新疆食物环境安全保障区

名称	分布	面积/万 km²	对应主体功能区
天山北坡食物环境安全保障区	霍城县、察布查尔县、伊宁县、新源县、昭苏县、特克斯县、温泉县、博乐市、精河县、沙湾县、乌苏市、沙湾县、玛纳斯县、呼图壁县、阜康市、吉木萨尔县、奇台县、木垒县	3.31	国家级农产品主产区——天山北坡主产区的绿洲区
天山南坡食物环境安全保障区	库尔勒市、焉耆县、和硕县、和静县、博湖县、尉犁县、轮台县、库车县、拜城县、新和县、沙雅县、阿克苏市、乌什县、阿瓦提县、温宿县、阿拉尔市	1.67	国家级农产品主产区——天山南坡主产区的绿洲区
塔额盆地食物环境安全保障区	塔城市、裕民县、额敏县、托里县	0.38	自治区级重点生态功能区——塔额盆地湿地草原生态功能区中的绿洲区
阿尔泰食物环境安全保障区	阿勒泰市、福海县、布尔津县、福海县	0.24	国家级重点生态功能区——阿尔泰山地森林草原生态功能区的绿洲区
东疆食物环境安全保障区	哈密市、吐鲁番市、鄯善县、托克逊县、巴里坤县	0.16	国家级农产品主产区——天山北坡主产区的绿洲区
塔里木盆地西南食物环境安全保障区	喀什市、巴楚县、麦盖提县、莎车县、泽普县、叶城县、英吉沙县、阿克陶县、疏勒县、疏附县、伽师县、岳普湖县、阿图什县	0.22	国家级重点生态功能区——塔里木河荒漠化防治生态功能区，自治区级重点生态功能区——塔里木盆地西北部荒漠生态功能区的绿洲区
塔里木盆地南部食物环境安全保障区	和田市、墨玉县、洛浦县、于田县、且末县	1.24	国家级重点生态功能区——塔里木河荒漠化防治生态功能区的绿洲区

（4）聚居环境维护区

聚居环境维护区呈点状分布在绿洲内，位于全疆 14 个地州 89 个县（市）的建成区及其外围一定范围，包括环境优化区、环境控制区和环境治理区。

1）环境优化区

环境优化区为克拉玛依市、库尔勒市、沙雅县和伊吾县的建成区及外围区域，总面积 0.13 万 km²，约占全疆面积的 0.08％。

2）环境控制区

环境控制区分布在除环保模范城市、生态县以及部分因污染物超载需治理地区之外的县市建成区及外围一定范围（以大气总量控制规划划定的总量控制区为准），总面积 1.25 万 km²，约占全疆面积的 0.77%。

3）环境治理区

环境治理区分布在环境污染较严重，需要治理地区的县市建成区及外围一定范围（以大气总量控制规划划定的总量控制区为准）。主要包括阿勒泰地区的富蕴县；天山北坡的乌鲁木齐市、乌苏市、奎屯市、克拉玛依市独山子区、沙湾县、石河子市、玛纳斯县、呼图壁县、昌吉市、五家渠市和阜康市；天山南坡的喀什市、阿克苏市和库车县。总面积 0.79 万 km²，约占全疆面积的 0.48%。

11.2.3.2　生态红线区

《国务院关于加强环境保护重点工作的意见》和《国家环境保护"十二五"规划》均明确提出，要编制环境功能区划，在重要生态功能区、陆地和海洋生态环境敏感区、脆弱区等区域划定生态红线，对各类主体功能区分别制定相应的环境标准和环境政策。

生态红线是为保障区域生态安全，必须严格管理和维护的区域，包括具有重要或特殊生态服务功能价值和生态敏感性极高、极其脆弱的区域。划定生态红线，就是为了严格禁止大规模、高强度的工业化和城镇化开发，遏制生态系统不断退化的趋势，保持并提高生态产品供给能力。

生态红线区是产业发展的禁止区，主要包括自然资源保育区、水源涵养区的冰川和永久积雪区。除自然资源保育区外，新疆生态红线区主要分布在阿尔泰山、天山西部山地的中高山、帕米尔—喀喇昆仑山—昆仑山的极高山，面积 25.33 万 km²，占全疆国土面积的 15.51%（图 11-3）。

11.2.3.3　重点环境管控单元

为弥补既定的环境功能类型和分区不能突出某些呈点、线、块状分布的环境保护重点区域的缺陷，本区划引入了"重点环境控制单元"概念，并作了具体划分。

环境重点控制单元：指位于不同环境功能区内的，需要严加保护、重点监控或加强污染治理的特殊敏感区域。划定环境重点控制单元，就是为了突出重点，严加管理，防止产生重大生态环境问题。本区划中的环境重点控制单元，主要包括地表水水源、地下水源区、大气污染重点控制区（乌鲁木齐大气联防联控区）、工业园区、重点矿产资源开发区。

地表水源区：主要包括发源于阿尔泰山、天山、准噶尔西部山地和帕米尔—喀喇昆仑山—昆仑山流域，面积大于 1 000 km² 的 171 条河流，流域面积小于 1 000 km² 但供水重要性大的 339 条河流，水域面积大于 1 000 km² 的 55 个湖泊，以及库容在 1 000 万 m³ 以上的 140 座大中型水库（图 11-4）。

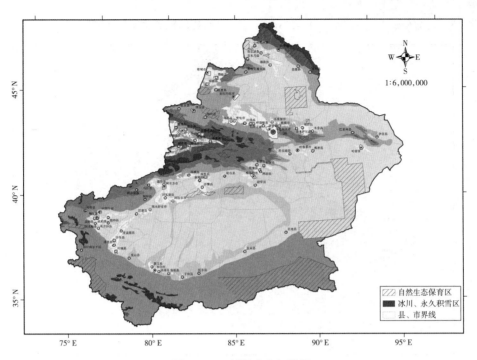

图 11 - 3　新疆生态红线区

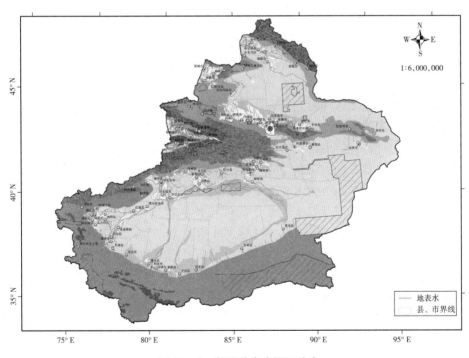

图 11 - 4　新疆地表水源区分布

地下水源区：主要位于天山北麓、塔里木盆地北缘和吐哈盆地西、北缘山前洪积扇，在伊犁河谷、博尔塔拉谷地有零星分布。水资源储量丰富，水质优良，补给和开采条件较好。总面积 5.59 万 km²，约占全疆面积的 3.4%（图 11-5）。

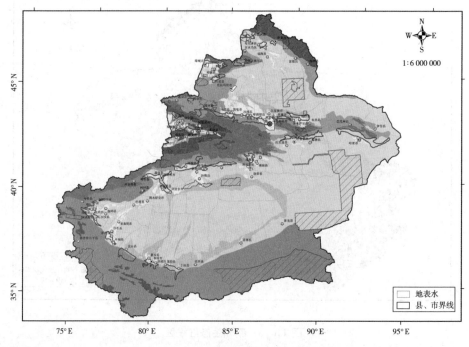

图 11-5 新疆地下水源区分布

大气污染重点控制区（乌鲁木齐大气联防联控区）：主要分布在乌鲁木齐市及其周边的昌吉市、阜康市、五家渠市，总面积 3.42 万 km²，占新疆总面积的 2.06%。

产业园区：位于全疆 14 个地、州、市和阿拉尔、石河子两个县级直辖市，主要分布在县市建成区的郊区和附近绿洲，一些老工业产业园区分布在建成区内，部分依托能源矿产资源的工业产业园区分布在戈壁荒漠，有国家级园区 12 家、自治区级园区 42 家和地县级园区 21 家，共 75 家，总面积约 3 353.88km²。

重点矿产资源开发区：在新疆的"三山两盆"均有分布，其中金属矿产资源开发区主要分布在阿尔泰山、天山和喀喇昆仑山—昆仑山—阿尔金山的中高山区以及吐哈盆地；非金属矿资源开发区主要分布在阿尔泰山、环准噶尔盆地、环塔里木盆地以及东西天山的中低山区以及焉耆盆地、吐哈盆地；煤炭资源开发区主要分布在准噶尔西部山地、伊犁谷地、天山北坡中段、天山南坡和喀喇昆仑山—昆仑山的中低山区以及准噶尔盆地、吐哈盆地、塔里木盆地东部；化石能源资源开发区主要分布在准噶尔盆地、塔里木盆地和吐哈盆地。

11.2.4 分区环境管控对策

11.2.4.1 Ⅰ-自然生态保留区

（1）环境功能目标

强制保护具有特定自然资源价值的区域，保障自然生态系统原真性和可持续发

124

展空间，保留自然环境本底状态，维护生态系统结构和功能的完整。强制保护关系人民生活健康的饮用水水源区域，确保水质不受污染。

维护区域主导环境功能，需执行的环境质量目标是：地表水型饮用水水源地一级保护区地表水执行《地表水环境质量标准》Ⅱ类以上标准；饮用水水源地二级保护区地表水执行《地表水环境质量标准》Ⅲ类以上标准。其他类型保护区地表水执行《地表水环境质量标准》Ⅰ类或Ⅱ类标准。空气环境执行《环境空气质量标准》一级标准。土壤环境执行《土壤环境质量标准》一级标准。

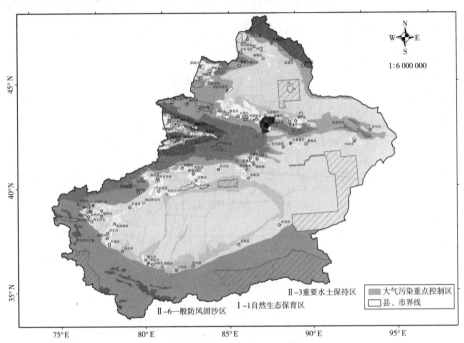

图 11-6　新疆大气污染重点控制区分布

（2）环境管理措施

自然资源保留区为新疆主体功能区规划中的禁止开发区，应按主体功能区规划中禁止开发区的相关要求实行严格保护。

①生态保护措施。根据相关法律对各类保护区实施针对性的生态保护措施，严格控制人为因素对自然生态和文化自然遗产原真性、完整性的干扰。

②污染防治措施。污水禁止排入 GB 3838 中Ⅱ类以上地表水域和Ⅲ类水域中划定的饮用水水源保护区。保持水、土壤、空气环境等的自然本底状态，不再发放排污许可证。依法关闭所有污染物排放企业，难以关闭的必须限期迁出。引导人口逐步有序转移，保持较好的环境质量。旅游资源开发要同步建立完善的污水垃圾收集处理设施。

（3）发展引导要求

按照强制保护原则设置产业准入环境标准，严禁不符合相关法规和规划的建设开发活动。

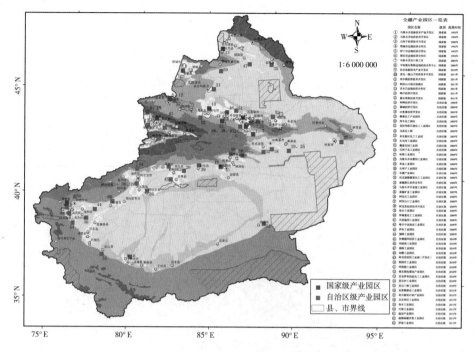

图 11-7 新疆产业园区分布

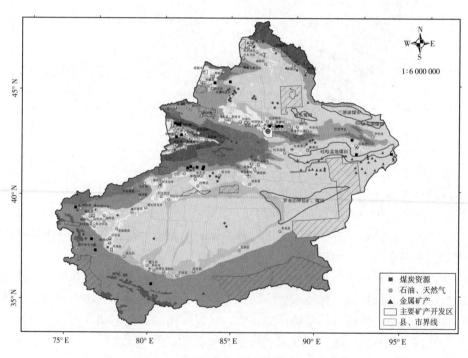

图 11-8 新疆重点矿产资源开发区分布

1）自然保护区

自然保护区要依据《中华人民共和国自然保护区条例》、本区划确定的原则和自然保护区规划进行管理。

按核心区、缓冲区和实验区分类管理。核心区，严禁任何生产建设活动；缓冲区，除必要的科学实验活动外，严禁其他任何生产建设活动；实验区，除必要的科学实验以及符合自然保护区规划的旅游等活动外，严禁其他生产建设活动；国家和自治区重点交通、通信、电网等基础设施建设，能避则避，必须穿越的，要符合自然保护区规划，并进行保护区影响专题评价，且不得穿越核心区和缓冲区。

2）风景名胜区

风景名胜区要依据《风景名胜区条例》、新疆维吾尔自治区实施《风景名胜区条例》办法、本区划确定的原则和风景名胜区规划进行管理。

禁止从事与风景名胜资源无关的生产建设活动，不得破坏或随意改变一切景物和自然环境。严格控制人工景观建设。建设旅游设施及其他基础设施等必须符合风景名胜区规划，逐步拆除违反规划建设的设施。修建缆车、索道等重大建设工程，项目的选址方案应当报国务院建设主管部门核准。根据资源状况和环境容量对旅游规模进行有效控制，不得对景物、水体、植被及其他野生动植物资源等造成损害。

3）国家森林公园

国家森林公园要依据《中华人民共和国森林法》《中华人民共和国森林法实施条例》《中华人民共和国野生植物保护条例》《森林公园管理办法》、本区划确定的原则和森林公园规划进行管理。

除必要的保护设施和附属设施外，禁止从事与资源保护无关的任何生产建设活动。在森林公园内以及可能对森林公园造成影响的周边地区，禁止进行采石、取土、开矿、放牧以及非抚育和更新性采伐等活动。建设旅游设施及其他基础设施等必须符合森林公园规划，逐步拆除违反规划建设的设施。根据资源状况和环境容量对旅游规模进行有效控制，不得对森林及其他野生动植物资源等造成损害。不得随意占用、征用和转让林地。

4）国家地质公园

国家地质公园要依据《世界地质公园网络工作指南》、本区划确定的原则和地质公园规划进行管理。

除必要的保护设施和附属设施外，禁止其他生产建设活动。在地质公园及可能对地质公园造成影响的周边地区，禁止进行采石、取土、开矿、放牧、砍伐以及其他对保护对象有损害的活动。未经管理机构批准，不得在地质公园范围内采集标本和化石。

5）饮用水水源地

依据《中华人民共和国水污染防治法》、本区划确定的原则和饮用水水源地保护规划进行管理。

饮用水水源保护区内禁止设置排污口。一级保护区内禁止新建、改建、扩建与供水设施和保护水源无关的建设项目；已建成的与供水设施和保护水源无关的建设项目，由县级以上人民政府责令拆除或者关闭；禁止从事网箱养殖、旅游、游泳、垂钓或者其他可能污染饮用水水体的活动。二级保护区内禁止新建、改建、扩建排放污染物的建设项目；已建成的排放污染物的建设项目，由县级以上人民政府责令拆除或者关闭；从事网箱养殖、旅游等活动的，应当按照规定采取措施，防止污染饮用水水体。准保护区内禁止新建、扩建对水体污染严重的建设项目；改建建设项目，不得增加排污量。

6) 国家湿地公园

严格落实《国家湿地公园管理办法》。

禁止擅自占用、征用国家湿地公园的土地。在湿地公园及可能对湿地公园造成影响的周边地区，禁止开（围）垦湿地、开矿、采石、取土、采伐林木、猎捕野生动物、生产性放牧及从事任何不符合主体功能定位的建设项目和开发活动。保障湿地生态用水。

11.2.4.2　Ⅱ-生态功能保育区

Ⅱ-1 水源涵养区

（1）环境功能目标

保护冰川、永久积雪、河流等源头水，确保水质不降低，水量不减少，主要河流径流量基本稳定并满足生态用水需求；保护具有水源涵养功能的森林、草原、湿地等绿色生态空间，确保面积不减少，质量不降低，维护区域水源涵养生态调节功能稳定发挥；保护生物多样性，确保珍稀野生动植物种群数量不减少以及生境不受破坏。

维护区域主导环境功能，需执行的环境质量目标是：地表水域执行《地表水环境质量标准》Ⅰ类标准。大气环境执行《环境空气质量标准》一级标准。土壤环境执行《土壤环境质量标准》一级标准，原有背景重金属含量高的除外。

（2）环境管理措施

重要水源涵养区主要位于新疆主体功能区规划中的国家级重点生态功能区和自治区级重点生态功能区；一般水源涵养区的大部分区域位于新疆主体功能区中的国家级重点生态功能区和自治区级重点生态功能区，部分区域位于国家级农产品主产区、国家级重点开发区内，是以上各区中水源涵养功能极为重要的区域，按主体功能区规划的要求，加强生态保护，保持其水源涵养以及生物多样性维持等生态调节功能。

1) 生态保护措施。禁止非保护性天然林采伐、采挖药材、捕猎野生动物、破坏珍稀物种和野果林及其生境、林下打草作业、超载放牧等人为活动。

实施封山育林、封山护林，根据草场退化情况适时实施草场划区休牧、阶段性禁牧和季节性轮牧，恢复森林、草原水源涵养能力。实施河流、湖泊、湿地生态修复，恢复水生生态功能。

现有矿山实施边开采边恢复。实施旅游区、道路、砂石场、历史遗留矿山、水电等项目区的生态修复，恢复生态功能。

2) 污染防治措施。禁止生活污水和生产废水以各种形式排入或渗入地表水体。禁止倾倒、填埋和焚烧生活垃圾、危险废物和危险化学品。

现有矿山实施技术改造和环境整治，清洁生产水平达到国内先进水平。整治尾矿库和涉化学品储存场所，消除污染和环境安全隐患。实施沿河环境污染治理，取缔河流两侧1 000m、湖泊周围2 000m范围内的排污口。

（3）发展引导要求

对冰川和永久积雪区实施最严格的保护，禁止在冰川区进行一切开发建设活动。除必要的道路等基础设施外，禁止在永久积雪区进行任何其他开发建设活动。重要水源涵养区禁止新建有污染物排放的工业企业，限制矿山开发，限制建设国家水利水电开发规划以外的水利水电开发项目；一般水源涵养区新建矿山按照绿色矿山的要求进行开发。现有矿山按照绿色矿山的要求进行改造。地表水源区内禁止在河道及与河道有水力联系的冲沟堆放和倾倒或填埋各类影响水质的物质、建设重金属等一类污染物的尾矿库；禁止在天然水体进行网箱养殖。

在不影响功能区主导环境功能的前提下，合理利用草场、矿产、旅游和水能等资源。严格规范旅游、交通、水利、矿山等开发建设，在建设中不得改变工程用地以外地表及地貌，不得破坏景观和工程占地区域外植被，不得堵塞冲沟，不得向冲沟排放废水，不得引发地面塌陷、滑坡、泥石流等地质灾害。旅游等人群活动产生的垃圾不得在该区域内处置。道路等交通设施建设不得改变地表径流。水资源和水能资源开发利用不得影响中下游用水、水生生态系统健康及洄游鱼类的生存，不得影响区域水源涵养功能。

实施生态补偿政策，对于区域内为生态保护作出贡献的居民实施直接的生态补偿。引导牧民逐步有序向农区转移定居。

对于一般水源涵养区，各地州可根据实际情况，划分出一定的完整区域为地州或县（市）级重要水源涵养区，制定更严格的环境管理要求和更严格的产业准入环境标准，加强环境保护，确保区域水源涵养功能的稳定发挥，为区域可持续发展提供安全保障。

Ⅱ-2 水土保持区

（1）环境功能目标

保护水资源，确保水质不降低，水量不减少，主要河流径流量基本稳定并满足生态用水需求；保护天然植被，确保植被覆盖度不降低，维护区域水土保持能力；保护珍稀野生动植物，确保珍稀野生动植物种群数量不减少以及生境不受破坏。

维护区域主导环境功能，需执行的环境质量目标是：地表水域执行《地表水环境质量标准》Ⅱ类以上标准。空气环境执行《环境空气质量标准》二级标准。土壤环境执行《土壤环境质量标准》一级标准，原有背景重金属含量高的土壤除外。

（2）环境管理措施

新疆水土保持区的大部分区域位于新疆主体功能区中的国家级重点生态功能区和自治区级重点生态功能区，部分区域位于国家级农产品主产区、国家级重点开发区内，按主体功能区规划的要求实施环境保护。

1）生态保护措施。禁止占用和破坏湿地、破坏野果林等珍稀物种及其生境、在河谷林内放牧、采挖野生药材和其他经济植物、超载过牧、在春季放牧期提前进场放牧、人为清除不适口草。禁止在喀喇昆仑山—昆仑山—阿尔金山重要水土保持区和水土流失严重区域采挖荒漠植被、破坏森林。

根据草场退化情况适时实施草场划区休牧、阶段性禁牧和季节性轮牧，喀喇昆仑山—昆仑山—阿尔金山重要水土保持区实施禁牧。退出 25°以上坡耕地；在伊犁河流域、天山中段和塔额盆地实施坡耕地和部分缺水地带、低产耕地的退耕还草，恢复自然植被。实施矿山、水利、道路等项目区的生态修复与治理，实施河流、湖泊、湿地、河谷林、灌木林的生态修复与治理，恢复生态功能。

2）污染防治措施。禁止将生活污水和生产废水以各种形式排入或渗入地表水体。禁止倾倒和填埋危险废物、危险化学品和生活垃圾。禁止在主要河流两侧 1 000m、湖泊周围 2 000m 范围内建设涉第一类重金属尾矿库。地下水源区禁止垃圾堆放和填埋、建设产生高污染污水的企业、设置污水排放口以及渗坑、塘坑等。

根据区域大气环境容量、土壤环境容量严格限制大气、水污染物排放总量。实施沿河环境污染治理，取缔河流两侧 1 000m、湖泊周围 2 000m 范围内的排污口。实施尾矿库、涉化学品储存场所、废水排放企业环境整治，消除污染和环境安全隐患。搬迁或关闭地下水源区内的高污染污水产生企业。

（3）发展引导要求

禁止开荒。禁止在天然水体进行网箱养殖。禁止在地表水源区内的河道及与河道有水力联系的冲沟堆放和倾倒或填埋各类影响水质的物质、建设重金属等一类污染物的尾矿库。阿尔泰山和伊犁河流域水土保持区限制露天开采矿产资源。

严格规范矿山、交通、水利等的开发建设，在建设中不得改变工程占地以外地表、地貌、植被，不得堵塞冲沟，不得向冲沟排放废水，不得引发地面塌陷、滑坡、泥石流等地质灾害。道路等交通设施建设不得改变地表径流。水资源和水能资源开发利用不得影响下游用水和水生生态系统健康，不得阻断洄游性鱼类的洄游通道。严格按照草畜平衡要求，控制放牧牲畜。严格控制地下水源区道路建设、勘探、采矿等活动，不得改变水文地质条件、减少水源补给及产生其他难以恢复的影响。

Ⅱ-3 防风固沙区

（1）环境功能目标

保护具有重要防风固沙功能的河岸林、灌丛等天然植被，确保面积不减少，覆盖度不降低；保护荒漠植被，确保植被覆盖度不降低；保护主要内陆河流，确保不断流并满足生态用水需求，水质不降低；保护珍稀野生动物，确保珍稀野生动植物种群数量不减少以及生境不受破坏。

一维护区域主导环境功能，需执行的环境质量目标是：地表水域执行《地表水环境质量标准》Ⅲ～Ⅴ类标准。空气环境（除 TSP、PM_{10} 外）执行《环境空气质量标准》二级标准，TSP、PM_{10} 浓度有所降低。土壤环境执行《土壤环境质量标准》三级标准。

（2）环境管理措施

新疆防风固沙区主要位于新疆主体功能区规划中的国家级和自治区级重点生态功能区，部分区域位于国家级农产品主产区和国家级重点开发区内，是以上各区中防风固沙功能较强的区域，须按主体功能区规划的要求实施环境保护，保持其防风固沙、生物多样性维持能力。

1）生态保护措施。禁止开垦和占用湿地、毁林毁草开荒、樵采、采挖药材、车辆乱压、乱取沙土、乱弃建筑废弃物和各种垃圾等。禁止在草场严重退化区域放牧。重点防风固沙区内禁止露天采矿、禁牧。

严格限制在荒漠、戈壁、沙漠区域进行人工林地建设，不得毁荒建林。严格控制石化能源以及矿产资源开发建设活动的施工范围，不得扰动或破坏工程区外地表状态。在自然保护区外围及重要交通干线两侧开采矿产资源，不得引发地面塌陷、裂缝等地质灾害。

按照草畜平衡、以草定畜原则，严格控制荒漠草场载畜量，根据草场退化情况适时实施荒漠草场退牧还草，实施划区休牧、阶段性禁牧和季节性轮牧。提高区域水资源有效利用率，保障下游水量，提高生态用水率，恢复重建沿河的"绿色走廊"。对矿区塌陷地和地表破坏严重的区域实施生态修复。

2）污染防治措施。地下水源区禁止垃圾堆放和填埋、建设产生高污染污水的企业、设置污水排放口以及渗坑、塘坑等。

根据区域大气环境容量、水环境容量、土壤环境容量合理控制大气污染物、水污染物排放总量。石化能源以及矿产资源开发采用资源利用率高、污染物排放量少的生产设备和工艺，实施"三废"污染防治和综合利用，提高工业用水重复利用率，减少废水排放量。加强对生产环节和矸石、废弃泥浆、油泥砂等固体废物及其贮存设施的监督管理，防止环境污染事故发生。地下水源区实施污染源整治，取缔所有污水排放口。

（3）发展引导要求

塔里木盆地南缘重要防风固沙区禁止发展高耗水工业。

按照国内先进水平，逐步提高产业准入环境门槛。严格规范矿产资源开发建设、交通道路及水利工程建设，不得扰动或破坏工程区以外地表和植被，不得对地表水、地下水产生阻隔影响、改变天然径流状态，不得破坏珍稀野生动物重要栖息地及阻隔野生动物迁徙。重要防风固沙区内的井工开采不得影响项目区及周边的天然植被生长。地下水源区严格控制道路建设、勘探、采矿等活动，不得改变水文地质条件、减少水源补给及产生其他难以恢复的影响。搬迁或关闭高污染污水产生企业。

实施石化能源以及矿产资源开发整合，提高新建项目最低开采规模标准和采选技术准入条件，引导资源向大型、特大型现代化矿区企业集中，促进形成集约、高效、协调的开发格局。

对于一般防风固沙区，各地州可根据实际情况，在绿洲—荒漠过渡带、内陆河两侧等关系绿洲生态安全的区域，划分出一定比例的完整区域为地州或县（市）级重要防风固沙区，制定更严格的环境管理要求和更严格的产业准入环境标准，控制人为扰动，确保区域防风固沙功能的稳定发挥，为绿洲生态系统提供安全保障。

11.2.4.3 Ⅲ-1 粮食及优势农产品环境安全保障区

（1）环境功能目标

保护基本农田和一般耕地，确保基本农田数量不减少、耕地质量有提高，粮食产量不降低；保护土壤环境、水环境、空气环境等，确保环境质量不降低，以维护重要粮食产地环境功能的稳定发挥。

维护区域主导环境功能，需执行的环境质量目标是：地表水域执行《地表水环境质量标准》Ⅲ～Ⅴ类标准。空气环境执行《环境空气质量标准》二级标准。土壤环境执行《土壤环境质量标准》二级标准，食用农产品产地执行食用农产品产地环境质量评价标准（HJ 332）。

（2）环境管理措施

新疆粮食及优势农产品环境安全保障区主要位于新疆主体功能区规划中的国家级农产品主产区，部分位于国家级重点生态功能区、自治区级重点生态功能区和国家级重点开发区内，按主体功能区规划的要求实施环境保护。

1）生态保护措施。禁止在河岸林内开荒、边开地边撂荒。禁止开垦和占用湿地。严格执行《基本农田保护条例》，限制非农建设占用耕地，除交通、水利等重要基础设施建设项目外，其他非农建设不得占用耕地。完善灌排系统，科学灌溉，降低土壤盐渍化。

2）污染防治措施。禁止倾倒和填埋危险废物、排放重金属等一类污染物、以渗坑方式排放各类污水。禁止使用高残留农药、利用食品加工以外污水进行农田灌溉。地下水源区禁止堆放和填埋各类垃圾、建设产生高污染污水的企业、设置污水排放口以及渗坑、塘坑等。

根据区域大气环境容量、水环境容量、土壤环境容量合理控制大气、水污染物排放总量，严格控制农药、化肥、农膜的使用，科学规划农业种植结构和种植面积，不得影响农作物品质及产地环境安全。

实施农村环境综合整治，改善农村生活环境质量。实施城镇环保基础设施建设，使垃圾、污水得到有效处置。实施重金属、持久性有机污染物和残留农药超标污染地区的农田土壤治理，消除环境安全隐患，确保土壤环境安全。地下水源区实施污染源整治，取缔所有污水排放口，搬迁或关闭高污染污水产生企业、停止各类污灌行为。

（3）发展引导要求

禁止建设涉重金属排放的项目，禁止新建重化工园区。

严格规范工业化、城镇化开发建设，不得影响农作物品质，不得降低空气环境、水环境、土壤环境质量，不得影响产地环境安全。地下水源区严格控制道路建设、勘探、采矿等活动，不得改变水文地质条件、减少水源补给或产生难以恢复的影响，防止各类泄漏事故污染地下水。

在水资源有保障的前提下，开展土地整理项目。伊犁河谷地、阿勒泰地区、天山北麓塔城盆地、天山南部绿洲区、南疆三地州适度开展土地整理项目，控制土地开发规模，不得影响伊犁河、乌伦古湖、艾比湖湿地、塔里木河下游、车尔臣河下游、和田河下游等重要区域生态安全，保障区域生态用水。

水资源短缺及农业用水定额高的区域实施高效节水灌溉，降低农业用水定额。优化工业园区定位，入园项目应符合园区定位，能对园区产业链起到补链作用的项目优先考虑入园。完善园区投资环境，引导开发建设活动向园区内集中。集约园区用地，少占耕地。清洁生产、区域单位生产总值能耗、水耗和污染物排放水平要达到国内先进水平。

11.2.4.4　Ⅳ-宜居环境维护区

Ⅳ-1 环境优化区

（1）环境功能目标

保护人群集聚区环境，确保空气、水环境质量满足大气、水环境质量功能区的标准，质量不降低；保护具有维护人群健康功能的林地、草地、湿地等公共绿色生态空间，确保面积不减少，质量不降低，保障人居环境健康。

维护区域主导环境功能，需执行的环境质量目标是：地表水域执行《地表水环境质量标准》Ⅲ～Ⅴ类标准，纳污水体不得影响下游水体的功能目标。空气环境执行《环境空气质量标准》二级标准。农田土壤执行《土壤环境质量标准》二级标准，食用农产品产地执行食用农产品产地环境质量评价标准（HJ 332）。

（2）环境管理措施

环境优化区位于新疆主体功能区规划中的国家级重点开发区和自治区重点开发区，按主体功能区规划的要求实施环境保护。

1）生态保护措施。实施城镇人居环境体系建设，完善城市绿地系统，扩大公共设施空间和绿色生态空间，提高城市绿化率。实施城市外围防风固沙生态工程建设，构建城市绿色生态屏障，减缓沙尘天气影响。实施工业园区与中心城区间生态隔离带建设，实施工业迹地、工业园区内的生态修复与治理，预防环境风险。

2）污染防治措施。禁止倾倒和填埋危险废物。严格实施污染物总量控制，限制新增排污许可证发放，全面推行主要污染物排污权交易。扩大强制性清洁生产审核范围，对重化工集中区、开发区和工业园区按照发展循环经济的要求进行规划、建设和改造，区域单位生产总值能耗、水耗和污染排放水平要达到国际先进水平。优化能源结构，提高天然气、煤制气、石油液化气等清洁能源比例。实施快捷、高效、清洁的城市道路交通体系建设，加强机动车排气污染管理，控制机动车大气污染。

（3）发展引导要求

禁止在建成区新建除集中供热项目外有大气污染物排放的工业项目，禁止建设有危险废物产生、涉重金属排放和冶炼的项目，禁止新建重化工园区。

严格规范工业、城市建设相关的开发建设活动，不得污染地下水，不得引发环境污染事故，不得危害人居环境健康。

按照国际先进清洁生产标准，提高产业准入环境标准，逐步淘汰落后产能和高污染高环境风险产业，鼓励高新技术、高端服务业等资源节约型、环境友好型产业落户，提升产业层次。优化建成区空间布局，集约用地，不符合环境管理要求的企业逐步搬迁出建成区。优化园区产业定位，入园项目应符合园区定位，能对园区产业链得到补链作用的项目优先考虑入园，形成具有竞争力的产业集群区。

IV-2 环境控制区

（1）环境功能目标

保护人群集聚区环境，确保空气、水环境质量满足大气、水环境质量功能区的标准；保护具有维护人群健康功能的林地、草地、湿地等公共绿色生态空间，确保面积不减少，质量不降低，保障人居环境健康。

维护区域主导环境功能，需执行的环境质量目标是：地表水域执行《地表水环境质量标准》Ⅲ～Ⅴ类标准，纳污水体不得影响下游水体的功能目标。空气环境执行《环境空气质量标准》二级标准。农田土壤执行《土壤环境质量标准》二级标准，食用农产品产地执行食用农产品产地环境质量评价标准（HJ 332）。

（2）环境管理措施

环境控制区位于新疆主体功能区规划中的国家级重点开发区、自治区重点开发区和国家级重点生态功能区，按主体功能区规划的要求实施环境保护。

1）生态保护措施。实施城镇人居环境体系建设，完善城市绿地系统，扩大公共设施空间和绿色生态空间，提高城市绿化率。实施工业园区与中心城区间生态隔离带建设，实施工业基地、工业园区内的生态修复与治理，预防环境风险。

2）污染防治措施。禁止倾倒和填埋危险废物。地下水源区禁止垃圾堆放和填埋、建设产生高污染污水的企业、设置污水排放口以及渗坑、塘坑等。科学规划开发建设布局，强化环境风险评价，建立环境风险防范机制。严格实施污染物总量控制，合理控制排污许可证发放，制定合理的排污权交易价格，合理利用环境容量。加快实施城市和园区生活污水、生活垃圾、危险废物等污染治理设施建设，提高生活污水集中处理率、生活垃圾处理率、工业固废处置率及危险废物无害化处理率。实施污水处理收费和污水产业化制度改革，鼓励工业企业用水重复利用和污水综合利用。对重化工集中区、开发区和工业园区按照发展循环经济的要求，进行规划、建设和改造，区域单位生产总值能耗、水耗和污染排放水平要达到国内先进水平。发展集中供热，取缔和淘汰分散的采暖小锅炉，有条件的地区采用清洁能源供热。实施快捷、高效、清洁的城市道路交通体系建设，加强机动车排气污染管理，控制机动车大气污染。地下水源区实施污染源整治，取缔所有污水排放口。

（3）发展引导要求

禁止在建成区新建除集中供热项目外有大气污染物排放的工业项目，建设有危险废物产生、涉重金属排放和冶炼的项目，新建重化工园区。禁止在地下水超采地区建设高耗水项目。限制高耗能、高耗水、高污染产业。

严格规范工业、城市建设相关的开发建设活动，不得污染地下水，不得引发环境污染事故，不得危害人居环境健康。地下水源区严格控制道路建设、勘探、采矿等活动，不得改变水文地质条件、减少水源补给及产生其他难以恢复的影响，搬迁或关闭高污染污水产生企业。

淘汰落后产能和不符合产业政策的工业企业。对现有"三高"产业实施技术改造，重污染企业或生产线逐步退出建成区。优化工业园区定位，入园项目应符合园区定位，能对园区产业链起到补链作用的项目优先考虑入园。完善园区投资环境，引导开发建设活动向园区内集中。清洁生产、区域单位生产总值能耗、水耗和污染物排放水平要达到国内先进水平。

Ⅳ-3 环境治理区

（1）环境功能目标

保护人群集聚区环境，确保空气、水环境质量满足大气、水环境质量功能区的标准；保护具有维护人群健康功能的森林、湿地等公共绿色生态空间，确保面积不减少，质量不降低，保障人居环境健康。

维护区域主导环境功能，需执行的环境质量目标是：地表水域执行《地表水环境质量标准》Ⅲ～Ⅴ类标准，纳污水体不得影响下游水体的功能目标。空气环境执行《环境空气质量标准》二级标准。农田土壤执行《土壤环境质量标准》二级标准，食用农产品产地执行食用农产品产地环境质量评价标准（HJ 332）。

（2）环境管理措施

新疆环境治理区主要位于新疆主体功能区规划中的国家级重点开发区和自治区重点开发区，部分位于国家级重点生态功能区，按主体功能区规划的要求实施环境保护。

1）生态保护措施。实施城镇人居环境体系建设，完善城市绿地系统建设，扩大公共设施空间和绿色生态空间，提高城市绿化率。实施工业园区与中心城区间生态隔离带建设，预防工业活动对人居环境的环境风险。实施工业基地、工业园区内的土壤污染治理与生态修复。

2）污染防治措施。禁止倾倒和填埋危险废物。禁止工业废水排入乌鲁木齐河、水磨河、克孜河、吐曼河和头屯河。地下水源区禁止垃圾堆放和填埋、建设产生高污染污水的企业、设置污水排放口以及渗坑、塘坑等。实施污染物总量减排，对现有排污许可证实施严格审核，严格控制地区特殊污染物的排放。实施工业企业污染治理，提高工业企业污染治理设施稳定运行率和"三废"排放达标率。因地制宜实施水环境综合整治、大气环境综合整治、土壤污染治理、重金属污染治理等，重点实施地下水源区污染源整治，取缔所有污水排放口。推进区域大气污染联防联控。实施建筑节能技术，乌鲁木齐等煤烟型城市建成区拆除淘汰小规模燃煤供热锅炉，实施清洁能源供热。实施快捷、高效、清洁的城市道路交通体系建设，加强机动车排气污染管理，控制机动车大气污染。强化城市和工业园区生活污水、垃圾收集与处理设施建设。对重化工集中区、开发区和工业园区按照发展循环经济的要求进行

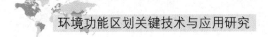

规划、建设和改造，区域单位生产总值能耗、水耗和污染排放水平要达到国内先进水平以上。

（3）发展引导要求

禁止在建成区新建除集中供热项目外有大气污染物排放的工业项目，建设有危险废物产生、涉重金属排放和冶炼的项目，新建重化工园区。禁止在地下水超采地区建设高耗水项目。

严格规范工业、城市建设相关的开发建设活动，不得污染地下水，不得引发环境污染事故，不得危害人居环境健康。地下水源区严格控制道路建设、勘探、采矿等活动，不得改变水文地质条件、减少水源补给及产生其他难以恢复的影响。搬迁或关闭高污染污水产生企业。

实施以新代老的产业政策，加快淘汰落后产能，建成区范围内或对建成区环境影响较大的原有的水泥、火电、焦化等大气重污染工业企业实施关闭淘汰、搬迁。新建项目的立项和审批必须腾出有效的污染物允许排放量指标，并强化新建项目和已有项目扩大再生产的环境影响评价。乌鲁木齐大气污染联防联控区，按照《乌鲁木齐区域大气污染防治"十二五"规划》中产业政策和大气污染防治的要求，统筹区域环境资源，统一标准要求，加大防控力度，推动区域空气质量不断改善，提升区域可持续发展能力。

优化工业园区定位，入园项目应符合园区定位，能对园区产业链起到补链作用的项目优先考虑入园。完善园区投资环境，引导开发建设活动向园区内集中。清洁生产、区域单位生产总值能耗、水耗和污染物排放水平要达到国内先进水平。

11.3 县级环境功能区划的研究——以特克斯县为例

11.3.1 技术路径

环境功能区划的技术方法以县域内环境功能为区划对象，在生态系统分类、现状评价及生态系统格局、生态功能分析与评价的基础上，采用自上而下的分区方法，根据环境功能的相似性和差异性进行空间分区，最后对各环境功能区命名和概述。

（1）生态格局分析

生态系统格局的基本特征和空间结构反映了生态系统自身的空间分布规律和各类生态系统之间的空间结构关系，是决定生态系统服务功能整体状况及其空间差异的重要因素，也是实施环境功能区划和生态环境保护、利用的重要依据。

（2）生态系统功能评价

生态服务功能评估包括生态服务功能状态评估和生态服务功能经济价值评估两部分。

特克斯县生态服务功能状态评估过程为：首先构建特克斯县森林、草地、湿地等服务功能状态指标体系及各指标评分标准，利用灰色关联法确定各单项指标的权重，得到各生态系统服务功能的状态指数。然后利用灰色关联法分析确定各生态系统服务功能权重，进一步计算特克斯县生态服务功能综合评估状态指数，结合综合状态指数评估标准对特克斯县生态服务功能进行综合评估。

11.3.2 与相关规划和区划的关系

（1）与新疆生态环境功能区划的关系

根据《新疆生态环境功能区划》（征求意见稿），新疆生态功能区共划分为7类功能区。特克斯县部分县域在功能区划中属于水源涵养功能区——伊犁河流域分区、水土保持功能区——伊犁河流域分区、绿洲服务功能区——伊犁河流域分区、地表水源功能区——天山西部分区——伊犁河河区、特殊保护功能区——森林公园分区——科桑溶洞国家森林公园（国家级）。

1）水源涵养功能区——伊犁河流域分区——特克斯县南部

功能定位：地表持水能力较强，具有水源供给、径流调节、水质改善功能的河流上游山区汇水区域，主要具有水源涵养功能。

2）水土保持功能区——伊犁河流域分区——特克斯县中北部

功能定位：土壤侵蚀敏感性高，持水性差，受水力作用易产生土壤流失的区域，主要生态环境功能为保持水土。

3）绿洲服务功能区——伊犁河流域分区——特克斯县中部

功能定位：镶嵌于荒漠之中，有水源保障，土壤肥沃，经人工改造适于人类生产生活的区域，主要功能是为人类生产、生活提供环境承载服务。

4）地表水源功能区——天山西部分区——伊犁河河区

功能定位：为荒漠、绿洲及人类生存提供水资源的河流和湖泊，主要生态环境功能为地表水源供给、水质保障、水源生态系统维持与调控。

5）特殊保护功能区——森林公园分区——科桑溶洞国家森林公园

功能定位：科桑溶洞国家森林公园面积为 $164km^2$，主要功能是对特定环境目标实施保护。

（2）与新疆主体功能区规划的关系

《新疆自治区主体功能区规划》（2011年8月版）将新疆全区国土空间划分为重点开发区域、限制开发区域和禁止开发区域。特克斯县在自治区主体功能区中定位如下：

1）自治区禁止开发区——点状禁止开发区——科桑溶洞国家森林公园

功能定位：保护新疆维吾尔自治区自然文化资源的重要区域，珍稀动植物基因资源保护地。

管制原则：依据法律法规规定和相关规划实施强制性保护，严格控制人为因素对自然生态和文化自然遗产原真性、完整性的干扰，严禁不符合主体功能定位的各类开发活动，引导人口逐步有序转移，实现污染物"零排放"，提高环境质量。

除必要的保护和附属设施外，禁止从事与资源保护无关的任何生产建设活动。在森林公园内以及可能对森林公园造成影响的周边地区，禁止进行采石、取土、开矿、放牧以及非抚育和更新性采伐活动。建设旅游设施及其他基础设施等必须符合森林公园规划，逐步拆除违法建设的设施。不得随意占用、征用和转让林地。

2）自治区重点开发区——特克斯镇的城区

功能定位：特克斯绿洲区域内的人口与工业的主要承载区，经济发展相对活跃，对周边乡镇起到带动作用。

开发原则：统筹规划有限的城市用地空间结构；加强基础设施建设；加快建立现代产业体系；保护生态环境；节约高效利用水资源，保护水环境，提高水质量。

3）自治区限制开发区——自治区级重点生态功能区——天山西部森林草原生态功能区（水源涵养类型）——特克斯县其他区域

功能定位：保障区域生态安全的主体区域，人与自然和谐相处的生态文明区。限制进行大规模高强度工业化城镇化开发的区域。

发展方向：禁止非保护性采伐，实施封山育林、草原减牧、退耕还草等措施，控制农牧业开发强度，涵养水源，保护野生动植物。

11.3.3　区划方案

按环境功能内涵、自然环境的相似性、差异性和区域社会经济特征，将特克斯县划分为以下环境功能区，即水源涵养区、水土保持区、聚居环境维护区、粮食及优势农产品环境安全保障区和特殊保护区（表11-20）。这些区域共同构成特克斯县整体环境功能，客观反映了该县对自然环境的整体要求，也体现了不同功能区之间的环境差异性。

表 11-20　特克斯县环境功能区面积统计

环境功能区		面积/km²		面积占比/%	
Ⅰ 水源涵养区	Ⅰ-1区（冰川、积雪水源涵养区）	4 099.6	458.08	50.82	5.68
	Ⅰ-2区（针叶林、草甸水源涵养区）		3 641.52		45.14
Ⅱ 水土保持区	Ⅱ-1区（草甸、草原水土保持区）	2 133.61	1 941.84	26.45	24.07
	Ⅱ-2区（河岸带水土保持区）		191.77		2.38
Ⅲ 聚居环境维护区	Ⅲ-1中心城区、节点乡镇	25.93	25.93	0.32	0.32
Ⅳ 粮食及优势农产品环境安全保障区	Ⅳ-1区（基本农田保护区）	811.74	245.96	10.06	3.05
	Ⅳ-2区（河岸带生态区）		111.69		1.38
	Ⅳ-3区（一般区域）		454.09		5.63
Ⅴ 特殊保护区	Ⅴ-1区（风景名胜区）	995.57	831.67	12.35	10.31
	Ⅴ-2区（国家森林公园）		164		2.03
	Ⅴ-3区（饮用水水源保护区）		0.000 4		0.01

11.3.4　分区环境管控对策

特克斯县各环境功能区（图11-9）情况及环境管理导则如下。

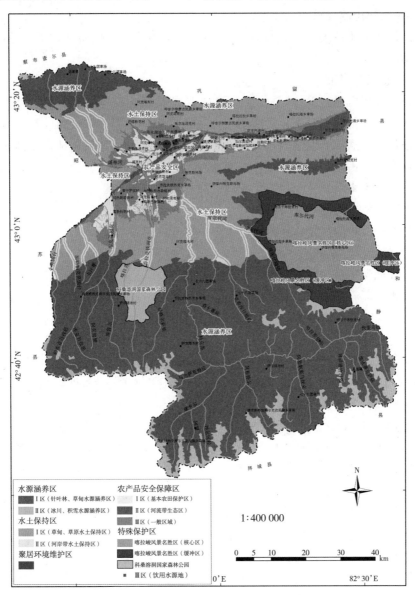

图11-9　特克斯县环境功能区划

11.3.4.1　Ⅰ-水源涵养区

Ⅰ-1冰川、积雪水源涵养区

（1）环境保护目标

保护冰川、永久积雪、河流等源头水水质不降低，水量不减少。

需执行的环境质量目标是：地表水域执行《地表水环境质量标准》Ⅰ类标准，大气环境执行《环境空气质量标准》一级标准，土壤质量保持本底值。

（2）环境管理措施

1）污染物排放要求

生活污水和生产废水禁止排入外环境。禁止倾倒和填埋生活垃圾、危险废物、危险化学品。

2）生态保护对策

禁止在冰川区进行一切开发建设活动。除必要的道路等基础设施外，禁止在永久积雪区进行任何其他开发建设活动。

严格规范交通等开发建设，在建设中不得改变工程用地以外地表及地貌，不得破坏景观和工程占地区域外植被，不得改变汇水区水力分布、影响水质，不得影响冻土层稳定，不得引发地面塌陷、滑坡、泥石流等地质灾害。

（3）产业发展方向

属于红线保护区，禁止在冰川区进行一切开发建设活动。

Ⅰ-2 针叶林、草甸水源涵养区

（1）环境保护目标

确保水源涵养区内的森林、草原、湿地等生态资源面积不减少，质量不降低，维护区域水源涵养生态调节功能稳定。

需执行的环境质量目标是：主要河流径流量基本稳定并满足生态用水需求，地表水域执行《地表水环境质量标准》Ⅰ类标准。大气环境执行《环境空气质量标准》一级标准。土壤环境执行《土壤环境质量标准》一级标准，原有背景重金属含量高的除外。

（2）环境管理措施

1）污染物排放要求

禁止生活污水和生产废水以各种形式排入或渗入地表水体。禁止倾倒、填埋和焚烧生活垃圾、危险废物、危险化学品。

2）生态保护对策

禁止非保护性天然林采伐、采挖药材、破坏野果林等野生植物及其生境、林下打草作业、人为清除不适口草、设置取料场及弃渣场。

严格规范水源涵养区内旅游、交通、水利等开发建设，在建设中不得改变工程用地以外地表及地貌，不得破坏景观和工程占地区域外植被，不得引发地面塌陷、滑坡、泥石流等地质灾害。旅游等人群活动产生的垃圾不得在该区域内处置。水资源和水能资源开发利用不得影响中下游用水、水生生态系统健康和洄游鱼类的生存，不得影响区域水源涵养功能。

实施封山育林、封山护林，根据草场退化情况适时实施草场禁牧、休牧、轮牧等，恢复森林、草原水源涵养能力。整治、关闭、搬迁区域内污水排放企业，整治尾矿库，清理涉化学品储存场所，消除污染和环境安全隐患。进行旅游区、道路、砂石场等的环境整治，恢复生态环境。

（3）产业发展方向

鼓励发展生态旅游和生态修复项目。适度发展草原畜牧业。适度发展水电项目，建设规模不低于5万kW且符合伊犁河流域规划。允许发展符合环境功能区划要求且不影响生态功能和景观的其他产业和项目。禁止矿产资源勘察开发建设和有污水产生的工业企业建设。

11.3.4.2　Ⅱ-水土保持区

Ⅱ-1 草甸、草原水土保持区

（1）环境保护目标

保护水资源，保护土壤、天然植被和野生动物，确保区域内的水土保持功能稳定。

需执行的环境质量目标是：大气环境执行《环境空气质量标准》二级标准。地表水域执行《地表水环境质量标准》Ⅱ类以上标准。土壤环境执行《土壤环境环境质量标准》一级标准，原有背景重金属含量高的土壤除外。

（2）环境管理措施

1）污染物排放要求

生活污水和生产废水禁止排入地表水域。禁止倾倒和填埋危险废物和危险化学品。根据区域大气环境容量、土壤环境容量严格限制大气、水污染物排放总量。

2）生态保护对策

严格规范开发建设活动。矿产资源开发、交通等建设不得堵塞冲沟、改变地表径流，不得向冲沟及外环境排放废水。

草场退化严重的区域实施退牧、禁牧，退出25°以上坡耕地，恢复自然植被。实施矿山、水利、道路等项目区的生态环境恢复和环境整治。实施尾矿库、垃圾、废水排放企业环境整治，消除环境安全隐患。

（3）产业发展方向

鼓励发展生态旅游、生态修复项目；适度发展草原畜牧业，适度发展人工饲草料基地建设。合理有序发展矿产资源勘探与开发，禁止露天开矿。允许发展符合环境功能区划要求且不影响生态功能和景观的其他产业和项目。

Ⅱ-2 河岸带水土保持区

（1）环境保护目标

保护地表水体，保护沿岸天然植被和土壤母质，保护鱼类等野生动物，确保区域内的水土保持功能稳定。

需执行的环境质量目标是：大气环境执行《环境空气质量标准》二级标准。地表水域执行《地表水环境质量标准》Ⅱ类以上标准。土壤环境执行《土壤环境质量标准》一级标准，原有背景重金属含量高的土壤除外。

（2）环境管理措施

1）污染物排放要求

生活污水和生产废水禁止排入地表水域。禁止倾倒和填埋生活垃圾、危险废物、危

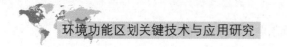

险化学品。根据区域大气环境容量、土壤环境容量严格限制大气、水污染物排放总量。

2）生态保护对策

严格规范各类影响水体的各类开发建设活动。水资源和水能资源开发利用不得影响下游用水和水生生态系统健康，不得阻断洄游性鱼类的洄游通道。交通等建设不得对水体产生污染。

开展矿山、尾矿库恢复与整治，消除环境风险。推进污染治理整治，取缔排污口。实施河流、湖泊、湿地生态修复，恢复生态功能。

（3）产业发展方向

鼓励发展生态旅游、生态修复项目。适度发展水电项目，建设规模不低于 5 万 kW。允许发展符合环境功能区划要求且不影响生态功能和景观的其他产业和项目。禁止开荒；禁止涉第一类重金属矿山开发，禁止露天开矿及尾矿库建设；禁止发展网箱养殖。

11.3.4.3　Ⅲ-聚居环境维护区

（1）环境保护目标

环境保护目标为保护人居环境质量。

需执行的环境质量目标是：大气环境执行《环境空气质量标准》二级标准。特克斯县城以上的特克斯主河道及其支流执行《地表水环境质量标准》Ⅱ类标准；特克斯县城以下的特克斯河主河道执行《地表水环境质量标准》Ⅲ类标准。土壤环境执行《土壤环境质量标准》三级标准。

（2）环境管理措施

1）污染物排放要求

结合环境容量和污染物排放总量控制指标，合理控制大气污染物和水污染物排放。禁止倾倒和填埋危险废物、危险化学品。

2）生态保护对策

优化聚居环境维护区的建成区空间布局，节约城市建设用地，不符合环境要求的企业逐步搬出建成区。完善实施城市基础设施建设和污染治理，提高人口集聚能力。

（3）产业发展方向

鼓励发展旅游业，鼓励城镇基础设施建设、污染治理项目建设。禁止建设涉第一类重金属排放的工业企业，禁止建设重化工业园区。

11.3.4.4　Ⅳ-粮食及优势农产品环境安全保障区

粮食及优势农产品环境安全保障区为农牧业生产条件较好，适宜发展农牧业的区域。主导环境功能为提供安全的农产品生产环境。

该区位于地势平坦、土壤肥沃的河谷平原农作物种植区和平原牧区。粮食及优势农产品环境安全保障区总面积 811.74km²，占全县总面积的 10.06%。粮食及优势农产品环境安全保障区划分为Ⅳ-1 区（基本农田保护区），包括全县的基本农田，面积245.96km²；Ⅳ-2区（河岸带生态区），包括沿特克斯河水体及其沿岸的河滩湿地、草本沼泽、河岸林、恰普其海水库等，长度约100km，面积111.69km²；Ⅳ-3区（一般区域），包括一般农田、草地、生态林及未利用地，面积454.09km²。

Ⅳ-1 基本农田保护区

（1）环境保护目标

保护基本农田，确保基本农田总面积不减少、质量有提高。

需执行的环境质量目标是：大气环境执行《环境空气质量标准》二级标准。地表水域执行《地表水环境质量标准》Ⅲ类及其以上标准。土壤环境执行《土壤环境质量标准》二级标准。食用农产品产地执行食用农产品产地环境质量评价标准（HJ 332）。

（2）环境管理措施

1）污染物排放要求

根据区域大气环境容量、水环境容量、土壤环境容量严格控制大气、水污染物排放总量。禁止以渗坑方式排放各类污水。禁止使用高残留农药、利用食品加工以外污水进行农田灌溉。禁止排放重金属等一类污染物。禁止倾倒和填埋危险废物、危险化学品、工业固体废弃物和生活垃圾。

2）生态保护对策

严格执行基本农田保护制度，限制非农建设占用基本农田，除交通、水利等重要基础设施建设项目外，其他非农建设不得占用基本农田。严格控制农药、化肥、农膜的使用，不得使土壤质量劣化。实施工业污染整治，消除环境安全隐患。

（3）产业发展方向

鼓励发展有机、绿色和无公害等生态农业、设施农业、高效节水农业；鼓励发展观光农业。允许发展符合环境功能区划要求且不影响环境功能的其他产业和项目。

Ⅳ-2 河岸带生态区

（1）环境保护目标

保护河流、河滩湿地及河岸林，确保湿地面积不减少、生态环境质量有提高。

需执行的环境质量目标是：大气环境执行《环境空气质量标准》二级标准。特克斯县城以上的特克斯主河道及其支流执行《地表水环境质量标准》Ⅱ类标准；特克斯县城以下的特克斯河主河道执行《地表水环境质量标准》Ⅲ类标准。土壤环境执行《土壤环境质量标准》二级标准。

（2）环境管理措施

1）污染物排放要求

根据总量控制要求，合理控制大气污染物和水污染物排放。禁止倾倒和填埋危险废物、危险化学品和生活垃圾。

2）生态保护对策

禁止破坏和污染湿地、采伐林木及其他影响河流、湿地功能的活动。实施湿地、河岸林生态修复，恢复生态功能。合理用水，保障河流、湿地和河岸林生态用水。

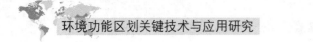

（3）产业发展方向

鼓励发展生态修复项目、生态旅游。允许发展符合环境功能区划要求且不影响生态功能和景观的其他产业和项目。禁止开（围）垦湿地、矿产资源开发及其他影响河流、湿地功能的开发活动。

IV-3 一般区域

（1）环境保护目标

环境保护目标为保护耕地、牧草地、生态林。

需执行的环境质量目标是：大气环境执行《环境空气质量标准》二级标准。特克斯县城以上的特克斯主河道及其支流执行《地表水环境质量标准》Ⅱ类标准；特克斯县城以下的特克斯河主河道执行《地表水环境质量标准》Ⅲ类标准。土壤环境执行《土壤环境质量标准》二级标准。食用农产品产地执行食用农产品产地环境质量评价标准（HJ 332）。

（2）环境管理措施

1）污染物排放要求

根据区域大气环境容量、土壤环境容量控制大气、水污染物排放总量。禁止使用高残留农药、利用食品加工以外污水进行农田灌溉。

2）生态保护对策

禁止边开地边弃荒。实施农村环境综合整治，改善农村生活环境质量。持续实施工业污染整治，消除环境安全隐患。

（3）产业发展方向

鼓励发展生态农业、设施农业、高效节水农业、观光农业、农区畜牧业和特色林果业，鼓励建设无公害食品基地、有机食品基地、人工饲草料基地、标准化及规模化畜禽养殖基地。允许发展符合循环经济要求的农业园区，高效集约发展特色农畜产品加工业。允许发展符合环境功能区划要求且不影响环境功能的其他产业和项目。

11.3.4.5 V-特殊保护区

特殊保护区是指自治区级以上人民政府或有关部门依法划定的饮用水水源保护区、自然保护区、风景名胜区、国家森林公园、国家地质公园、湿地公园等，具有法定的保护管理范围。其主导环境功能为对特定环境目标实施保护。

特克斯县特殊保护区总面积995.57km²，占全县面积的12.26%。包括风景名胜区（喀拉峻）、国家森林公园（科桑溶洞国家森林公园）、集中式饮用水水源保护区3类。其中，V-1区（喀拉峻风景名胜区）面积831.67km²；V-2区（科桑溶洞国家森林公园）面积164km²；V-3区（饮用水水源保护区），包括特克斯县一水厂水源地、二水厂水源地，总面积400m²。

V-1 风景名胜区

（1）环境保护目标

环境保护目标为保护旅游资源、保护野生动植物资源。

需执行的环境质量目标是：地表水域执行《地表水环境质量标准》Ⅰ类标准。大气环境执行《环境空气质量标准》一级标准。土壤保持本底值。

（2）环境管理措施

1）污染物排放要求

污染物禁止排放。

2）生态保护对策

风景名胜区要依据《风景名胜区条例》、新疆维吾尔自治区实施《风景名胜区条例》办法和风景名胜区规划进行管理。禁止从事与风景名胜资源无关的生产建设活动，不得破坏或随意改变一切景物和自然环境。严格控制人工景观建设。建设旅游设施及其他基础设施等必须符合风景名胜区规划，逐步拆除违反规划建设的设施。根据资源状况和环境容量对旅游规模进行有效控制，不得对景物、水体、植被及其他野生动植物资源等造成损害。旅游资源开发要同步建立完善的污水、垃圾收集处理设施。

（3）产业发展方向

核心景区为红线保护区，禁止进行一切开发建设活动。其他区域鼓励发展生态旅游，鼓励生态旅游示范区建设，鼓励生态修复项目。允许发展符合法律法规要求和环境功能区划要求且不影响生态功能和景观的其他产业和项目。

V-2 国家森林公园

（1）环境保护目标

环境保护目标为保护旅游资源、保护野生动植物资源。

需执行的环境质量目标是：地表水域执行《地表水环境质量标准》Ⅰ类标准。大气环境执行《环境空气质量标准》一级标准。土壤保持本底值。

（2）环境管理措施

1）污染物排放要求

污染物禁止排放。

2）生态保护对策

国家森林公园要依据《中华人民共和国森林法》《中华人民共和国森林法实施条例》《中华人民共和国野生植物保护条例》《森林公园管理办法》和森林公园规划进行管理。严格控制人为因素对自然生态和文化自然遗产原真性、完整性的干扰。依法关闭所有污染物排放企业，难以关闭的必须限期迁出。引导人口逐步有序转移，保持较好的环境质量。旅游资源开发要同步建立完善的污水垃圾收集处理设施。

除必要的保护设施和附属设施外，禁止从事与资源保护无关的任何生产建设活动。在森林公园内以及可能对森林公园造成影响的周边地区，禁止进行采石、取土、开矿、放牧以及非抚育和更新性采伐等活动。建设旅游设施及其他基础设施等必须符合森林公园规划，逐步拆除违反规划建设的设施。根据资源状况和环境容量对旅游规模进行有效控制，不得对森林及其他野生动植物资源等造成损害。不得随意占用、征用和转让林地。

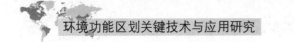

（3）产业发展方向

核心区为红线保护区，禁止进行一切开发建设活动。其他区域鼓励发展生态旅游，鼓励生态旅游示范区建设，鼓励生态修复项目。允许发展符合法律法规要求和环境功能区划要求且不影响生态功能和景观的其他产业和项目。

V-3 饮用水水源保护区

（1）环境保护目标

环境保护目标为保护水质。

需执行的环境质量目标是：地下水域执行《地下水质量标准》Ⅲ类标准。大气环境执行《环境空气质量标准》二级标准。土壤环境执行《土壤环境质量标准》一级标准。

（2）环境管理措施

1）污染物排放要求

禁止污染地下水。

2）生态保护对策

依据《中华人民共和国水污染防治法》、本区划确定的原则和饮用水水源地保护规划进行管理。饮用水水源保护区内禁止设置排污口。一级保护区内禁止新建、改建、扩建与供水设施和保护水源无关的建设项目；已建成的与供水设施和保护水源无关的建设项目，由县级以上人民政府责令拆除或者关闭；禁止可能污染饮用水水体的活动。二级保护区内禁止新建、改建、扩建排放污染物的建设项目；已建成的排放污染物的建设项目，由县级以上人民政府责令拆除或者关闭。准保护区内禁止新建、扩建对水体污染严重的建设项目。

（3）产业发展方向

一级水源保护区为红线保护区。其他区域鼓励发展水源水质保护和污染治理项目。允许发展符合法律法规要求和环境功能区划要求且不影响水环境质量的其他产业和项目。

11.4 地州级环境功能区划的研究——以伊犁州为例

11.4.1 地州级区划拼接成果

以伊犁州特克斯县和昭苏县两县的环境功能区划图为基础，进行了两县区划图的拼接，具体见图 11-10。

11.4.1.1 特克斯县

结合国家主体功能区规划、新疆主体功能区规划、新疆环境功能区划，根据特克斯县自然生态系统类型、自然环境特征、社会经济发展、县域土地空间开发利用特征，划分出五大类环境功能类型区（水源涵养区、水土保持区、聚居环境

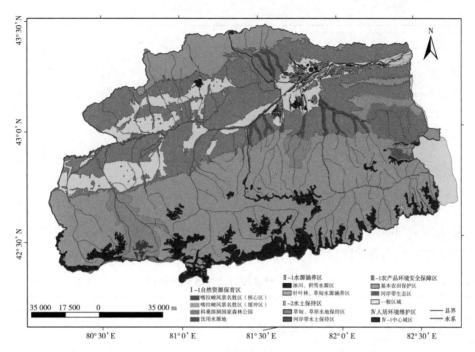

图 11-10　特克斯县—昭苏县环境功能区划拼接示意

维护区、粮食及优势农产品环境安全保障区和特殊保护区）和11类环境功能亚区。
见表11-20。

11.4.1.2　昭苏县

结合国家主体功能区规划、新疆主体功能规划、新疆环境功能区划，根据
昭苏县自然生态系统类型、自然环境特征、社会经济发展、县域土地空间开发利
用特征，划分出五大类环境功能类型区（水源涵养区、水土保持区、聚居环境维护
区、粮食及优势农产品环境安全保障区和特殊保护区）和9类环境功能亚区，见表
11-21。

表 11-21　昭苏县环境功能区面积统计

环境功能区		面积/km²		面积占比/%	
Ⅰ 水源涵养区	Ⅰ-1区（冰川、积雪水源涵养区）	6 013.56	977.25	56.2	47.07
	Ⅰ-2区（针叶林、草甸水源涵养区）		5 036.31		9.13
Ⅱ 水土保持区	Ⅱ-1区（草甸、草原水土保持区）	2 732.29	2 074.29	25.53	19.38
	Ⅱ-2区（河岸带水土保持区）		658		6.15
Ⅲ 聚居环境维护区	Ⅲ-1中心城区、节点城镇	24.30	24.30	0.23	0.23

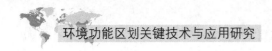

续表

环境功能区		面积/km²		面积占比/%	
Ⅳ粮食及优势农产品环境安全保障区	Ⅳ-1（一般粮食及优势农产品环境安全保障区）	1 391.89	1 266.89	13.01	11.84
	Ⅳ-2（河岸带生态区）		125		1.17
Ⅴ特殊保护区	Ⅴ-1区（国家森林公园）	538.62	536.97	5.03	5.02
	Ⅴ-2区（饮用水水源地）		1.65		0.01

11.4.1.3 两县区划类型的差异及原因

特克斯县和昭苏县的县级环境功能区划均是在自治区级环境功能区划的基础上编制完成的，但两者的区划类型仍存在一定差异，见表 11-22。

表 11-22 两县环境功能区类型比较

环境功能类型	县级环境功能区类型	
	特克斯县	昭苏县
Ⅰ水源涵养区	Ⅰ-1区（冰川、积雪水源涵养区）	Ⅰ-1区（冰川、积雪水源涵养区）
	Ⅰ-2区（针叶林、草甸水源涵养区）	Ⅰ-2区（针叶林、草甸水源涵养区）
Ⅱ水土保持区	Ⅱ-1区（草甸、草原水土保持区）	Ⅱ-1区（草甸、草原水土保持区）
	Ⅱ-2区（河岸带水土保持区）	Ⅱ-2区（河岸带水土保持区）
Ⅲ聚居环境维护区	Ⅲ-1中心城区、节点乡镇	Ⅲ-1中心城区、节点城镇
Ⅳ粮食及优势农产品环境安全保障区	Ⅳ-1区（基本农田保护区）	Ⅳ-1（一般粮食及优势农产品环境安全保障区）
	Ⅳ-2区（河岸带生态区）	Ⅳ-2（河岸带生态区）
	Ⅳ-3区（一般区域）	—
Ⅴ特殊保护区	Ⅴ-1区（风景名胜区）	Ⅴ-1区（国家森林公园）
	Ⅴ-2区（国家森林公园）	Ⅴ-2区（饮用水水源地）
	Ⅴ-3区（饮用水水源保护区）	—

共同点体现在：

（1）水源涵养区细化分为两类，即Ⅰ-1区（冰川、积雪水源涵养区）和Ⅰ-2区（针叶林、草甸水源涵养区）。这两个亚类划分，两县采取的依据相同。

（2）水土保持区细化分为两类，即Ⅱ-1区（草甸、草原水土保持区）和Ⅱ-2区（河岸带水土保持区）。这两个亚类划分，两县采取的依据相同。

（3）聚居环境维护区中，确定了中心城区和节点城镇。这两个亚类划分，两县采取的依据相同。

（4）特殊保护区中，根据各县具体情况，确定了特殊保护区的类型。

差异反映在粮食及优势农产品环境安全保障区中，特克斯县细化为 3 个亚类，昭苏县细化为 2 个亚类，缺少了基本农田保护区这个亚类，这主要是因为昭苏县目前土地利用图尚未收集到，无法反映出基本农田保护区的范围。

11.4.1.4　重点环境管控单元的问题

在自治区层面环境功能区划中提到的几类重点环境管控单元：地表水源区、地下水源区、工业园区、重点矿产资源开发区、大气联防联控区，除地表水源区已经通过河岸带生态区等进行反映外，其他的重点环境管控单元在特克斯县和昭苏县均未有相应的类型。因此在本次试点研究中未能有所反映，这也是后续需要考虑的问题。

11.4.2　拼接中存在的问题及解决方法

11.4.2.1　县域边界的问题

将两县的环境功能区划图进行直接拼接，发现县域边界存在一定问题：①两县相邻边界不能吻合；②县界与地州的县界不吻合。

经分析，出现这个问题的主要原因在于：①特克斯县是以县域的土地利用图作为底图；②昭苏县的底图是从自治区层面上的环境功能区划图中截取下来的；③本次拼接采用的伊犁州的行政区划图是十年生态调查中更新的图。

解决这个问题的方法首要是要确定相对准确的边界，然后以此边界为依据进行其余边界的调整。经分析，分别从时间和尺度上来看，特克斯县域土地利用规划图为较新和较精准的图，其边界相对较准确。因此按照特克斯县的边界对昭苏县的边界进行修正。

通过这个问题反映出：

①由于尺度的问题，会造成以不同途径完成的县级区划在结果上的不同，即以县域自身的底图（如土地利用图）为基础完成的区划图和从自治区环境功能区划上直接截取下来作为底图完成的区划图，两者的精度和边界都会有差异。以县域自身的底图完成的区划图更为精准。

②地方能提供的图件资料对区划结果还是有较大影响，尤其是针对土地利用图等关键性的图件。

经分析，要避免出现这类问题，较好的方式是：由各县先提供最新的土地利用图，由地州统一进行校准和拼接，然后再分发给各县，以此为底图进行区划。

11.4.2.2　图例类型的不同

特克斯县和昭苏县原来完成的县域环境功能区划图，由于没有统一的图例要求，虽然类型相同，但图例差异较大。在进行拼接时，需要将两县的图例调整为统一的形式。

对于这个问题，在今后进行县级区划时，只需统一规范图例即可解决。

总体上从县域的拼接上来看，在统一了功能区的类型、划分条件、图层表现形

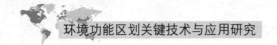

式、底图等内容之后，其拼接工作难度并不大。

11.5　不同层级区划的衔接

不同层级环境功能区划分别从区划技术路线、分类体系和划分条件、分区管制导则、区划成果图方面进行衔接。

11.5.1　区划技术路线的衔接

在区划技术路线上，通过自上而下的指导与自下而上的补充，将各级区划相结合，最终形成一个空间和管理落地的完整的区划体系和区划成果。具体表现在：

（1）从国家层面到自治区层面，从自治区层面到县级层面体现了自下而上指导划分的区划路线

从国家层面上制定了针对省（自治区）级环境功能区划的《技术导则》，从环境功能区的类型和划分条件上对省（自治区）级环境功能区类型的划分提出了依据。自治区层面的环境功能区划，为县级层面上的环境功能区划提供了一个区划结果的示意图，并在国家层面的基础上，进一步明确了环境功能类型区的划分条件以及功能区内部的空间异质性状况，其中，同一环境功能区的空间异质性和环境管理的差异性也是县级层面上进行环境功能区划的一个基础和重要依据。

因此，从国家层面到自治区层面，从自治区层面到县级层面体现了上层区划逐层指导下层区划划分的路线。

（2）县级层面到地州层面，地州层面到自治区层面的拼接体现了自下而上补充完善的区划路线

县级层面的环境功能区划作为一个最终空间和管理要求落地的区划，可以在县级层面上充分发挥环境功能区划空间管理的作用。而对于自治区层面上，其实也是需要一个这样的空间实际落地的区划，因此，自治区层面上的环境功能区划还不能仅停留在现有已完成的宏观指导性的环境功能区划上。对此，可以利用县级层面的区划，逐层拼接为地州层面的区划，由地州层面的区划再拼接为自治区层面的区划，同时，通过拼接解决相邻县域之间环境功能匹配的问题。这样形成的自治区层面上的环境功能区划，是一个综合了各个县环境功能区划的数据库，通过这样一个数据库，从自治区层面上可以更好地指导产业和建设项目的布局。

在这样的技术路线下，不同层级的环境功能区划可以采用不同的技术方法：国家层面的区划可以采用环境功能综合评价；省级层面除应用环境功能综合评价外，还必须采用主导功能识别的方法，识别出区域的主导环境功能，作为环境功能类型划分的依据；县级层面的区划技术方法则不宜过于复杂，应重点放到功能区类型的界限明确上。

11.5.2　区划分类体系衔接

根据不同层面自然环境特点和评价，通过区划分类体系，使得不同层级的环境功能

区形成一个完整的体系，逐层对环境功能区类型进行细分。区划分类体系见表11-23。

表11-23　区划分类体系

环境功能类型	环境功能亚类		
	国家级	自治区级	县级
Ⅰ自然生态保留区	Ⅰ-1自然资源保留区	Ⅰ-1自然资源保留区	Ⅰ-1-1风景名胜区 Ⅰ-1-2饮用水水源保护区 Ⅰ-1-3国家森林公园 ……
	Ⅰ-2后备保留区	—	—
Ⅱ生态功能保育区	Ⅱ-1水源涵养区	Ⅱ-1水源涵养区	Ⅱ-1-1冰川、积雪水源涵养区
			Ⅱ-1-2针叶林、草甸水源涵养区
	Ⅱ-2水土保持区	Ⅱ-2水土保持区	Ⅱ-2-1草甸、草原水土保持区
			Ⅱ-2-2河岸带水土保持区
	Ⅱ-3防风固沙区	Ⅱ-3防风固沙区	Ⅱ-3防风固沙区
	Ⅱ-4生物多样性保护区	—	—
Ⅲ食物环境安全保障区 （Ⅲ粮食及优势农产品环境安全保障区*）	Ⅲ-1粮食及优势农产品环境安全保障区	Ⅲ-1粮食及优势农产品环境安全保障区	Ⅲ-1-1基本农田保护区
			Ⅲ-1-2河岸带生态区
			Ⅲ-1-3一般区域
	Ⅲ-2畜禽产品环境安全保障区	—	—
	Ⅲ-3水产品环境安全保障区	—	—
Ⅳ宜居环境维护区	Ⅳ-1环境优化区	Ⅳ-1环境优化区	Ⅳ-1-1环境优化区—中心城区
			Ⅳ-1-2环境优化区—节点城镇
	Ⅳ-2环境控制区	Ⅳ-2环境控制区	Ⅳ-2-1环境控制区—中心城区
			Ⅳ-2-2环境控制区—节点城镇
	Ⅳ-3环境治理区	Ⅳ-3环境治理区	Ⅳ-3-1环境治理区—中心城区
			Ⅳ-3-2环境治理区—节点城镇
Ⅴ资源开发环境引导区	Ⅴ-1资源开发环境引导区	—	—

注：＊新疆环境功能区划中建议的名称。

11.5.3 国家—自治区层面划分条件和分区管制导则上的衔接

自治区层面上环境功能区划在划分条件上与国家制定的《技术导则》上的衔接和差异体现在以下方面：

在自治区层面上以国家层面上制定的《技术导则》的环境功能分类体系中对各环境功能区的定义和划分条件作为主要划分依据。同时，也从环境功能内涵和新疆独特的自然环境和经济社会特征出发，因地制宜地建立新疆环境功能分类体系，将新疆国土空间划分为4个环境功能类型和8个环境功能区亚类。

新疆环境功能区划未划分 V 资源开发环境引导区和 I - 2 后备保留区、II - 4 生物多样性保护区、III - 2 畜禽产品环境安全保障区、III - 3 水产品环境安全保障区 4 个环境功能亚类，并将 III 食物环境安全保障区改名为 III 粮食及优势农产品环境安全保障区。

（1）资源开发环境引导区

一是依据《指南》中环境功能的定义，基于环境系统"保障自然生态安全或维护人群环境健康"的功能属性出发，将环境功能归纳为两个方面：保障自然系统的安全和生态调节功能的稳定发挥；保障与人体直接接触各环境要素的健康。从该定义出发，资源开发环境引导区的功能属性尚不属于前述两方面。二是新疆矿产资源分布广泛，在三山两盆均有分布，有很多地区的矿产勘查还不明确，如单独将其划分为一个功能区容易挂一漏万。在本区划中，将其作为一个重点环境管控单元——重点矿产资源开发区，对管控单元执行差别化管理，即重点矿产资源开发区位于哪一类环境功能区类，就执行相应的环境管理要求。

（2）后备保留区

后备保留区在《指南》中定义为尚未受到大规模人类活动干扰，生态服务功能不显著，暂不具备农牧业及资源开发价值，应受到保护以保留其自然状态和满足可持续发展需求的区域。新疆矿产资源分布广泛，即使是人烟稀少的高山、荒漠也富有矿藏，同时针对资源是否具备开发价值也缺少评价的依据，对该区较难划定。

（3）生物多样性保护区

新疆生物多样性保护区基本上都位于水源涵养区内，因此不再单独划分。

（4）畜禽产品环境安全保障区

新疆天然草场多分布于山区，而山区主导环境功能是水源涵养和水土保持，且新疆畜牧业未来发展重点在农区畜牧业，故在此不再单独划出，与粮食主产区一起划分为粮食及优势农产品环境安全保障区。

（5）水产品环境安全保障区

新疆不临海，故无此功能亚类。

总体上看，新疆自治区级的环境功能区划与国家环境功能区划提出的划分体系进行了充分的衔接。

在环境管理要求上，以国家环境功能区划中对各区环境管理的要求为底线，根据地区的差异进行一定的补充和细化，主要是从禁止、严格规范、实施三方面提出更为明确的环境管理要求。

11.5.4　自治区—县级层面划分条件和分区管制导则上的衔接

县级层面上以自治区层面上确定的划分依据明确界定空间边界，以及对其中需要执行差别化管理的区域进行细化。

表 11－24　自治区—县级区划条件和环境管理要求衔接

自治区级		县级	衔接说明
Ⅰ 自然生态保留区	Ⅰ-1 自然资源保育区	Ⅰ-1-1 风景名胜区 Ⅰ-1-2 饮用水水源保护区 Ⅰ-1-3 国家森林公园……	(1) 类型一致；(2) 空间界限根据县级层面掌握的具体资料进行细化和明确
Ⅱ 生态功能保育区	Ⅱ-1 水源涵养区	Ⅱ-1-1 冰川、积雪水源涵养区	自治区层面上，在环境管控要求中有明确要求的区域，根据该区的定义，在县级层面上进行划分条件的明确和空间界限的明确
		Ⅱ-1-2 针叶林、草甸水源涵养区	自治区层面上水源涵养区中除冰川、积雪水源涵养区外的其他区域。根据水源涵养区的定义和划分条件，在空间界限上予以明确
	Ⅱ-2 水土保持区	Ⅱ-2-1 草甸、草原水土保持区	是水土保持区中除河岸带水土保持区以外的其他区域，根据水土保护区的定义和划分条件，在空间界限上予以明确
		Ⅱ-2-2 河岸带水土保持区	是与《新疆生态环境功能区划》相结合的产物，将该区划中线性的地表水源区转化为带状的区域。其环境管理要求严格于一般的水土保持区，执行与地表水源区相关的环境管理要求
	Ⅱ-3 防风固沙区	Ⅱ-3 防风固沙区	(1) 类型一致；(2) 空间界限进行细化和明确

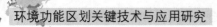

自治区级		县级	衔接说明
Ⅲ食物环境安全保障区（Ⅲ粮食及优势农产品环境安全保障区*）	Ⅲ-1粮食及优势农产品环境安全保障区	Ⅲ-1-1基本农田保护区	(1) 新增类型。自治区环境功能区划中对该类区域有明确的环境管理要求。因此在县级层面上予以空间上的明确； (2) 环境管理要求严格于一般的粮食及优势农产品环境安全保障区
		Ⅲ-1-2河岸带生态区	(1) 新增类型； (2) 是与《新疆生态环境功能区划》相结合的产物，将该区划中线性的地表水源区转化为带状的区域。其环境管理要求严格于一般的粮食及优势农产品环境安全保障区，执行与地表水源区相关的环境管理要求
		Ⅲ-1-3一般区域	(1) 以上两区除外后的粮食及优势农产品环境安全保障区； (2) 其环境管理要求执行粮食及优势农产品环境安全保障区的要求
Ⅳ宜居环境维护区	Ⅳ-1环境优化区	Ⅳ-1-1环境优化区——中心城区	(1) 类型一致； (2) 环境管理要求一致
		Ⅳ-1-2环境优化区——节点城镇	(1) 新增类型。考虑县域尺度中一般城镇发展的需要； (2) 环境管理要求类似中心城区环境管理要求
	Ⅳ-2环境控制区	Ⅳ-2-1环境控制区——中心城区	(1) 类型一致； (2) 环境管理要求一致
		Ⅳ-2-2环境控制区——节点城镇	(1) 新增类型。考虑县域尺度中一般城镇发展的需要； (2) 环境管理要求类似中心城区环境管理要求
	Ⅳ-3环境治理区	Ⅳ-3-1环境治理区——中心城区	(1) 类型一致； (2) 环境管理要求一致
		Ⅳ-3-2环境治理区——节点城镇	(1) 新增类型。考虑县域尺度中一般城镇发展的需要； (2) 环境管理要求类似中心城区环境管理要求

11.5.5　区划成果图的衔接

目前自治区层面上的区划图仅仅是一个区划的示意图，其空间界限需要通过各个县的环境功能区划图来落地。县级层面上的环境功能区划的编制完成，需要在自治区环境功能区划图的基础上，收集县域土地利用图，县域各类自然保护区、风景名胜区、国家森林公园、国家湿地公园等特殊保护区的底图，城市规划图，电子地形图等相关图件，从而对各类环境功能区进行空间上的明确和细化。在完成的县级环境功能区划成果图的基础上，拼接成地州级层面的电子图，再以地州级电子图为单元，最终拼接形成完整的自治区电子成果图，以实现全区电子图管理的目标。

第12章 浙江省环境功能区划编制试点的研究

本章选择浙江省作为案列，按照国家环境功能区划总体思路要求，研究提出省级环境功能区划的定位、环境功能区划分的原则和方法，开展浙江省环境功能区划分。提出环境功能区划与主体功能区规划、土地利用规划等相关规划的关系和衔接方法，探索各类分区分类管理目标和对策。

12.1 浙江省环境功能区划体系

省级主体功能区规划是省级综合性的空间规划，其要求需要通过其他专项空间区划（规划）去落实。

省级环境功能区划在层级上应该是中观层面的环境空间管理，落实国家环境功能区划相关要求，指导下一级（县级）区划的编制和实施。

在规划的行政层级上，省级环境功能区划应与主体功能区规划、土地利用规划、城乡建设规划做好衔接。

因此，我国环境功能区划的国家—省—县三级区划体系比较合理，这样能够形成一个既有指导性又有可操作性，且在基层日常管理中能够具体运用的区划体系。这也是主要考虑到像浙江省这样县域环境条件差异性较大的省份，开展县一级环境功能区划的制订非常有必要，而且与县一级政府承担的环境管理责任相一致，有利于具体的执行和实施。

12.2 区划原则与方法

12.2.1 区划原则

以浙江省生态功能区划和县域环境功能区规划的原则、指标体系及方法为基础，结合环境功能区划定位和五类环境功能区内涵，从区划的科学性，环境管理运用的便利性，实际操作的可行性，与主体功能区规划、城镇体系规划、农业区划等其他区划、规划的衔接性方面建立相应的原则要求，体现浙江省自然环境条件和社会经济空间分异特点。

围绕五类环境功能区建立相应的分区评价指标体系及分区方法（指标体系主要从自然环境条件、社会经济、生态环境质量等方面考虑，包括生态环境敏感性、生态服务功能重要性、人口密度、粮食产量、耕地面积等），明确五类功能区划分的优先顺序，五类功能区相关指标评价结果出现在同一区域情况的处理原则和要求（如在浙江省内，粮食主产区也正好是人口集聚、城镇化和工业化发展较快的平原地区，如何做好聚居环境维护区和食物环境安全保障区的划分需要深入研究）。从有利于较好地识别五类环境功能区的角度，选择、建立指标体系和评价方法。采用单项指标与综合性指标相结合的方法进行划分。

12.2.2 区划评价指标体系

浙江省环境功能区划指标体系主要包括3个方面，即维护人群环境健康要素、环境支撑能力要素、保障生态安全要素三方面的指标。

指标选择原则：与五类分区密切相关；定性与定量指标相结合；通用型指标和区域特性指标相结合；优先使用环境管理中相对比较成熟的指标，并体现环境保护发展趋势。

（1）维护人群环境健康要素

着重调查分析区域人口及分布状况、城镇体系结构与布局现状及规划等，分析人口集聚的现状与趋势、城镇化水平、城镇体系等级结构及分布等。

调查分析三次产业的比例、工业产业结构、工业集聚区和工业园区、主导产业分布等；农业产值及优势农产品产区分布；第三产业发展现状。

趋势分析包括经济总量、人口集聚、产业结构、城镇体系、交通网络及其区位系统等方面的变化趋势，并结合各地"十二五"规划确定分析结果。

（2）环境支撑能力要素

在区域资源、生态环境现状调查的基础上，分析资源存量及承载力；分析生态环境特征，明确区域主要生态环境问题及成因。生态环境现状分析用定性与定量相结合的方法进行，在评价中利用近期高分辨率卫星遥感数据、地理信息系统技术等先进的方法与技术手段。

评价内容包括水资源、土地资源、森林资源、矿产资源、生物资源、旅游资源、海洋资源等，重点对支撑人类生存和发展的水资源、土地资源、森林资源等重要资源进行承载力分析。同时对环境质量状况、自然灾害、其他环境问题等进行分析。

环境支撑能力要素主要侧重于污染物排放强度的分析，包括区域污染物排放强度（COD、SO_2、固体废物等）、单位产值主要污染物排放强度、单位产值能耗水耗、城市生活垃圾处理率、污水处理率、工业固体废物综合利用率等。

（3）保障生态安全要素

分析生态环境敏感性的形成机制与区域分异规律，明确土壤侵蚀等特定生态环境问题可能发生的地区范围与可能程度，确定生态环境极敏感与高敏感区域。评价内容包括土壤侵蚀敏感性、酸雨敏感性、地质灾害敏感性、水资源胁迫敏感性、气象灾害敏感性等。

针对区域典型生态系统，评价生态系统服务功能的综合特征，分析生态服务功能的区域分异规律及其对经济社会发展的支撑作用，明确生态系统服务功能的极重要区域和重要区域。评价内容包括生物多样性维持与生境保护重要性、水源涵养重要性、土壤保持重要性、洪水调蓄重要性、自然与文化遗产重要性、海岸带防护功能重要性等。

12.2.3 区划方法

在综合评价分析的基础上，主要采用主导因素法进行区划。

1）明确五类环境功能区的含义、定位、目标，确定区划的技术路线及方法。

2）分步划分不同类别的环境功能区。根据生态服务功能重要性、生态环境敏感性与生态环境问题的重要性以及重要的保护目标，划分出自然生态保留区。其中，自然保护区、风景名胜区、森林公园、地质公园等均列入自然生态保留区；另外，还划出生态功能保育区；根据全省基本农田分布情况、区域耕地面积比重、人均耕地面积、优势农产品分布等评价结果，结合土地利用规划及农业区域规划，确定具备良好的农业生产条件，需要保护并提高农产品供给能力的区域，将其划分为食物环境安全保障区；根据人口密度、人均 GDP、城镇化水平、第二产业和第三产业比重及增长趋势、污染物排放强度等指标的评价结果，结合主体功能区规划及环杭州湾等相关产业规划，确定聚居环境维护区；根据浙江省实际情况，将低山丘陵区、围垦区等具有一定资源开发和利用潜力的区域，划定为资源开发环境引导区。

3）区划过程中，充分考虑与主体功能区规划、土地利用规划、城镇体系规划等基础性和控制性规划的衔接。

4）充分利用全省生态功能区划成果，以生态功能区的三级区为基础，依据上述评价及区划方法，进行合理的分类、分区。

12.2.4 与主体功能区规划、土地利用规划等的衔接

环境功能区划分为聚居环境维护区、食物环境安全保障区、自然生态保留区、生态功能保育区和资源开发环境引导区；主体功能区规划分为优化开发、重点开发区、生态保护区和禁止开发区；土地利用规划分为优化利用区、重点建设区、限制建设区和保护利用区。

环境功能区划的五类区域与主体功能区规划、土地利用规划的评价单元、划分方法、管理目标等方面存在许多不同，五类区域并不能一一对应和完全衔接。其中聚居环境维护区、食物环境安全保障区是区划的难点。

12.3 环境功能区划分方案

以生态功能区划三级分区和主体功能区规划为基础，结合五类环境功能区主要特征指标评价结果等，以县级行政区为基本单元（根据五类功能区划分的需要，基于浙江省县域自然环境条件及社会经济布局的差异，部分县级行政区也是可以分割的），对浙江省省域进行环境功能区划分。

以浙江省县域生态环境功能区规划为基础，以生态环境功能区小区为基本单元开展1~2个县级环境功能区的划分（以湖州、德清为例）。

考虑分区信息化管理的需要，建立分区命名及编码格式要求。

区划的地理比例尺初步确定为1∶250 000。

12.3.1　省级环境功能区划初步方案

在综合评价基础上，结合相关区划与规划，确定浙江省环境功能区划初步方案，自然生态保留区、生态功能保育区、聚居环境维护区、食物环境安全保障区、资源开发环境引导区面积分别为 26 368km²、30 294km²、26 549km²、20 902km² 和 0 km²，占全省土地面积的比例分别为 25.33%、29.10%、25.50%、20.07% 和 0。由于浙江省没有大规模的资源开发县（市、区），因此没有划定资源开发环境引导区。见图12-1。

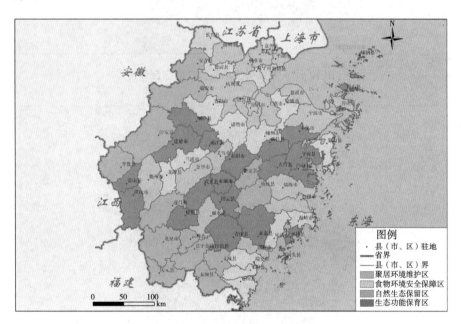

图 12-1　浙江省环境功能区划

（1）自然生态保留区

依据浙江省生态系统特点，以生态服务功能（主要是生物多样性保护与生境维持、水源涵养、土壤保持功能）、生态环境敏感性（主要是酸雨敏感性、土壤侵蚀敏感性、地质灾害敏感性）综合评价结果为基础，结合相关区划、规划中浙江省生态空间分布格局，确定自然生态保留区。综合评价结果见图12-2和图12-3。

自然生态保留区包括淳安县、开化县、临安市、安吉县、遂昌县、龙泉县、云和县、庆元县、景宁畲族自治县、泰顺县、文成县、磐安县和仙居县，总面积26 368km²，占全省土地面积的25.33%，见图12-4。

自然文化遗产应纳入自然生态保留区进行管理，包括省级以上自然保护区、风

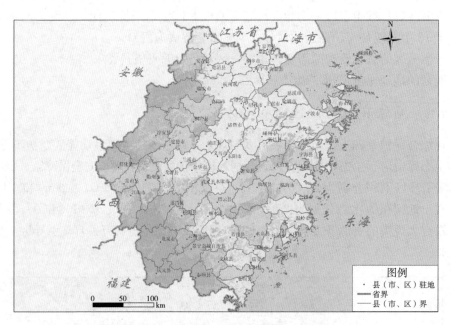

图 12-2　浙江省生态服务功能综合评价

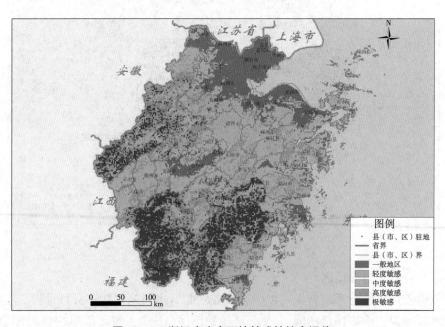

图 12-3　浙江省生态环境敏感性综合评价

景名胜区，森林公园、地质公园等自然保护区域，省级以上文物保护区以及重要饮用水水源保护区，其分布状况见图 12-5。

（2）生态功能保育区

将浙江省低山丘陵区、江河重要水源涵养地区等具有较强生态功能调节的区域，划定为生态功能保育区。在区划过程中，考虑到空间的连续性，将原则上属于无法

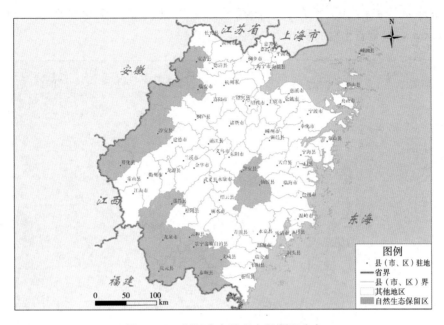

图12-4 浙江省自然生态保留区分布

图12-5 浙江省自然与文化遗产分布

归入自然生态保留区、聚居环境维护区、食物环境安全保障区的区域也划为生态功能保育区。

浙江省生态功能保育区包括建德市、桐庐县、奉化市、宁海县、洞头县、永嘉县、新昌县、东阳市、永康市、武义县、浦江县、江山市、常山县、岱山县、嵊泗

161

县、玉环县、三门县、天台县、仙居县、青田县、缙云县和松阳县，总面积
30 294km²，占全省土地面积的 29.10%，见图 12-6。

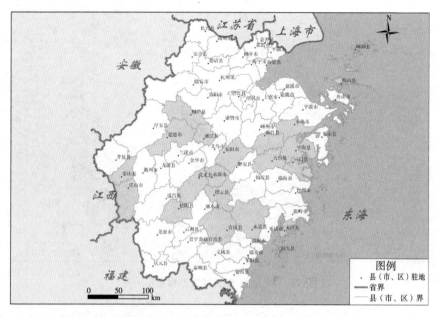

图 12-6　浙江省生态功能保育区分布

（3）食物环境安全保障区

采用粮食产量强度、播种面积比重、单位面积农林牧渔产值、耕地面积比重等
指标进行综合评价，评价结果见图 12-7。

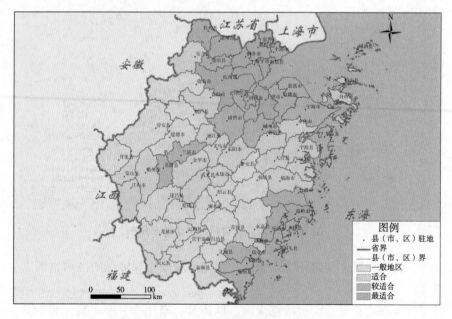

图 12-7　浙江省食物环境安全保障区评价

在食物环境安全保障区综合评价结果的基础上，结合浙江省农业区划、浙江省土地利用规划等相关规划，进行区划。浙江省食物环境安全保障区包括嘉善县、海宁市、海盐县、德清县、长兴县、余姚市、富阳市、诸暨市、嵊州市、象山县、兰溪市、龙游县、温岭市、乐清市、瑞安市、平阳县和苍南县，总面积 20 902km²，占全省土地面积的 20.07%，见图 12-8。

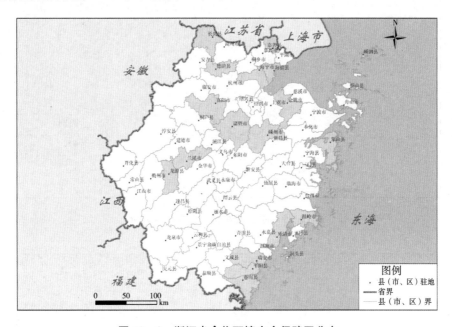

图 12-8　浙江省食物环境安全保障区分布

（4）聚居环境维护区

采用人口密度、单位面积第三产业产值、路网密度、规模企业密度、单位面积第二产业产值等指标进行综合评价，评价结果见图 12-9。

以人居健康维护综合评价结果为基础，以《全国生态功能区划》《全国主体功能区规划》中关于浙江省的发展定位为导向，结合《浙江省环杭州湾产业带发展规划》《金衢丽地区生产力布局与产业带发展规划》《温台沿海产业带发展规划》《浙江省城镇体系规划》等相关规划，进行聚居环境维护区的划分。

浙江省聚居环境维护区包括嘉兴市区、平湖市、桐乡市、湖州市区、杭州市区、绍兴市区、绍兴县、上虞市、慈溪市、宁波市区、舟山市区、义乌市、金华市区、衢州市区、丽水市区、台州市区和临海市等，总面积 26 549km²，占全省土地面积的 25.50%，见图 12-10。

聚居环境维护区不局限于上述区划结果，应包括所有长三角区域中心城市、省域中心城市和县（市）域中心城市及省级重点镇在内的人口聚集区。随着城市化进程的加快，该类区域应实现城镇密集区优化与提升、城镇点状分布区集聚与集约的转型。

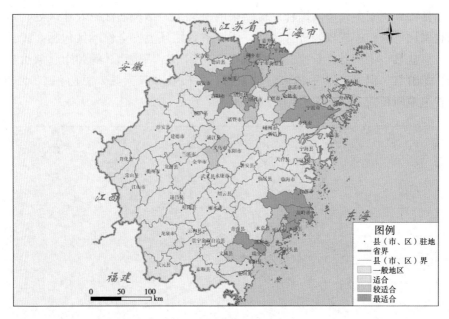

图 12 - 9　浙江省聚居环境维护区评价

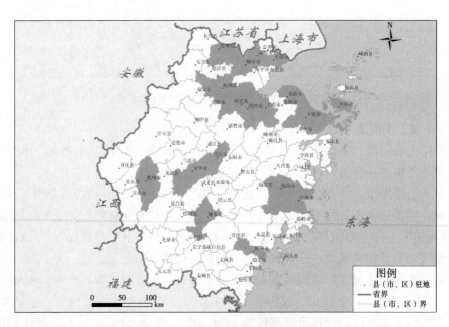

图 12 - 10　浙江省聚居环境维护区分布

12.3.2　县级环境功能区划方案——以德清县为例

　　为保证区划的延续性、衔接性和可操作性，避免增加过多的区划工作量，浙江省的县域环境功能区划考虑在县域生态环境功能区规划的基础上进行。

　　根据五类环境功能区分区原则和方法，在德清县生态环境功能区规划的基础上进行归类整理，将重点准入和优化准入类生态环境功能小区归入聚居环境维护区；将限制准入类生态环境功能小区分成三部分，根据土地利用及区域社会经济发展趋势，分别划入食物环境安全保障区、自然生态保留区和生态功能保育区；将禁止准入区划入自然生态保留区。

德清县土地利用、城镇建设规划、生态环境功能区划如图 12－11 至图 12－13 所示。

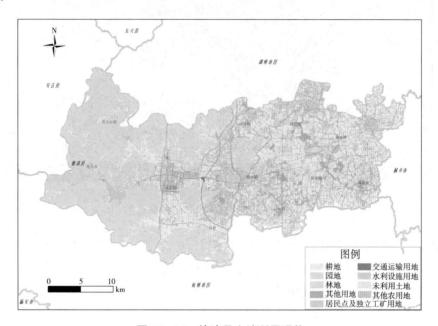

图 12－11　德清县土地利用现状

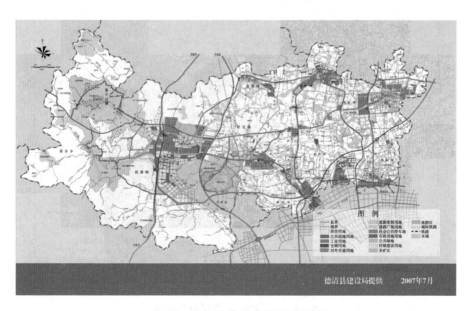

图 12－12　德清县城镇建设规划

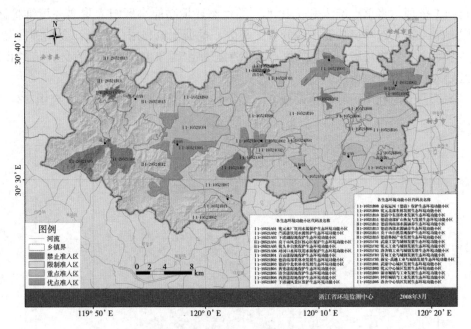

图 12 - 13　德清县生态环境功能区划

按照上述划分方法，德清县的四类环境功能分区为：聚居环境维护区142.39km²，占全县土地面积的 15.17%；食物环境安全保障区 338.39km²，占全县土地面积的 36.05%；自然生态保留区 279.55km²，占全县土地面积的 29.78%；生态功能保育区 178.24km²，占全县土地面积的 19.0%。

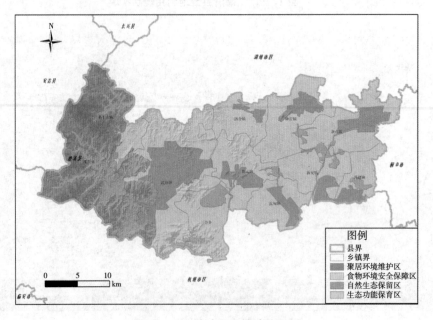

图 12 - 14　德清县环境功能区划

12.4 分区环境管理目标及对策

分析各环境功能区的产业、城镇发展、环境问题的特点，以现有的环境管理考核目标体系为基础，分区分类建立差别化目标指标体系。因浙江从省级层面就没有资源开发环境引导区，因此不对相应的管理目标及指标体系进行研究探讨。

12.4.1 环境功能区分类管理总体目标

浙江省环境功能区分类管理总体目标如表12-1所示。

表12-1　环境功能区分类管理总体目标

类别	归类原则	总体环境目标
自然生态保留区	生态功能极重要，生态环境极敏感，具有特殊保护价值的地区，包括自然保护区、水源涵养区、饮用水水源保护区（一级、二级保护区）、重要的自然与文化遗产、风景名胜区和森林公园核心保护区等	以保障生态安全为关注焦点，区域内项目严格执行规划要求
生态功能保育区	除上述三大类区域之外的其他国土区域，主要是低山丘陵区、重要水源涵养地	加强生态功能保护的科学研究，做到科学有序开发，降低生态安全风险
食物环境安全保障区	生态功能重要，生态环境敏感性为轻度或中等，以最新农业区划、基本农田规划为基础确定的重要粮食产区	保障农业生产所需的安全环境，严格限制工业开发和城镇建设，严格控制农业规模开发带来的点源污染，科学控制农业面源，积极预防土壤污染
聚居环境维护区	①生态环境敏感性为一般，生态服务功能中等或一般，产业结构与布局相对合理，环境仍有一定容量，资源较为丰富，经济功能较强，具有发展潜力的地区；②生态环境敏感性为轻度或中等，生态服务功能中等或一般，开发历史久，开发活动对生态环境影响程度较深，产业结构与布局有待优化，人口密集，环境容量小，人均自然资源拥有率低的地区	作为城市、城镇建设，二、三产业基地的建设区域，以建设城市生态文明为抓手，做好节能减排降耗，不断提高环境功能区质量，确保污染物浓度和总量双达标排放，确保人群健康安全的生活环境

12.4.2 分区环境管理指标体系

针对浙江省四类环境功能类型区，分别制定有针对性的环境管理指标体系。
（1）自然生态保留区环境管理指标体系
自然生态保留区环境管理指标体系如表12-2所示。

表 12 - 2　自然生态保留区环境管理指标体系

类型	序号	指标	单位	参考值
环境质量和生态质量	1	地表水环境质量	—	达到功能区要求
	2	空气环境质量	—	达到功能区要求
	3	声环境质量	—	达到功能区要求
	4	土壤环境质量		达到功能区要求
	5	森林覆盖率	%	≥70
	6	村镇饮用水卫生合格率	%	≥95
节能减排降耗和生态建设	7	开展生活污水处理的行政村比率	%	≥25
	8	中心镇建成区生活污水处理率	%	≥30
	9	农村生活垃圾无害化处理率	%	≥80
	10	中心镇建成区生活垃圾无害化处理率	%	≥30
	11	卫生厕所普及率	%	≥80
	12	规模化畜禽养殖场粪便综合利用率	%	≥90
	13	规模化畜禽养殖场污水排放达标率	%	≥90
	14	旅游区生活污水处理率	%	≥95
	15	旅游区生活垃圾处理率	%	≥95
	16	农家乐生活污水处理率	%	≥90
	17	农家乐生活垃圾处理率	%	≥90
	18	农村清洁能源利用率	%	≥50
	19	水土流失治理率	%	≥80
	20	废弃矿山生态恢复率	%	≥80
	21	生态葬法行政村覆盖率	%	≥90
环境管理监控	22	地表水环境质量监控	—	常规、特例申请
	23	空气环境质量监控	—	年度、特例申请
	24	旅游区声环境质量监控	—	年度
	25	土壤环境质量监控	—	年度、特例申请
	26	小流域水土流失状况监控	—	年度
	27	废弃矿山生态恢复监控	—	年度
	28	森林防火及病虫害发生状况监控	—	年度
	29	生物多样性及外来物种侵害监控	—	年度
	30	保护区违法破坏事件监控	—	年度

（2）食物环境安全保障区环境管理指标体系

食物环境安全保障区环境管理指标体系如表 12 - 3 所示。

表12-3 食物环境安全保障区环境管理指标体系

类型	序号	指标	单位	参考值（2015年）
环境质量和生态质量	1	地表水环境质量	—	达到功能区要求
	2	空气环境质量	—	达到功能区要求
	3	声环境质量	—	达到功能区要求
	4	土壤环境质量	—	达到功能区要求
	5	森林覆盖率	%	≥50
	6	农田林网覆盖率	%	≥40
	7	村镇饮用水卫生合格率	%	≥95
节能减排降耗和生态建设	8	开展生活污水处理的行政村比率	%	≥30
	9	建制镇建成区生活污水处理率	%	≥40
	10	农村生活垃圾无害化处理率	%	≥80
	11	建制镇建成区生活垃圾无害化处理率	%	≥80
	12	卫生厕所普及率	%	≥80
	13	规模化畜禽养殖场粪便综合利用率	%	≥90
	14	规模化畜禽养殖场污水排放达标率	%	≥90
	15	农家乐生活污水处理率	%	≥90
	16	农家乐生活垃圾处理率	%	≥90
	17	农村清洁能源利用率	%	≥50
	18	生态葬法行政村覆盖率	%	≥90
	19	秸秆综合利用率	%	≥90
	20	农用塑料薄膜回收率	%	≥90
	21	农业危险废物安全处置率	%	100
	22	农业灌溉水有效利用系数	%	≥0.55
	23	化肥施用强度（折纯）	kg/hm^2	<250
	24	受保护基本农田面积	—	根据规划
环境管理监控	25	地表水环境质量监控	—	常规、特例申请
	26	空气环境质量监控	—	年度、特例申请
	27	中心镇声环境质量监控	—	年度
	28	土壤环境质量监控	—	年度、特例申请
	29	农田病虫害发生状况监控	—	年度
	30	外来物种侵害监控	—	年度（可选择）
	31	"三品"认证面积发展状况	—	年度
	32	周边工业和城镇发展对本区域的影响评估	—	年度
	33	农业循环经济发展状况监控	—	年度
	34	村民对环境满意度调查	—	年度

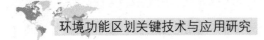

（3）聚居环境维护区环境管理指标体系

聚居环境维护区环境管理指标体系如表 12 - 4 所示。

表 12 - 4　聚居环境维护区环境管理指标体系

类型	序号	指标	单位	参考值（2015 年）
环境质量和生态质量	1	地表水环境质量	—	达到功能区要求
	2	空气环境质量	—	达到功能区要求
	3	声环境质量	—	达到功能区要求
	4	土壤环境质量	—	达到功能区要求
	5	建成区绿化覆盖率	%	≥35
	6	饮用水水源地水质达标率	%	≥95
	7	安全饮用水覆盖率	%	≥95
节能减排降耗和生态建设	8	单位 GDP 能耗	t/万元	≤0.9
	9	单位工业增加值新鲜水耗	m³/万元	≤20
	10	化学需氧量（COD）排放强度	kg/万元 GDP	<3.5（且不超过省总量控制指标）
	11	SO_2 排放强度	kg/万元 GDP	<4.5（且不超过国家总量控制指标）
	12	城镇生活污水集中处理达标率	%	≥60
	13	城镇生活垃圾无害化处理率	%	≥80
	14	危险废物安全处置率	%	100
	15	工业废水达标处理率	%	≥95
	16	工业大气污染物达标处理率	%	≥95
	17	工业固体废物综合利用率	%	≥70
	18	工业用水重复率	%	≥75
	19	区域中水回用率	%	需要核算
	20	城镇人均公共绿地面积	m²/人	≥12
环境管理监控	21	地表水环境质量监控	—	常规
	22	区域水资源供需比监控	—	年度
	23	空气环境质量监控	—	常规
	24	城区声环境质量监控	—	常规
	25	工业区土壤地下水质量监控	—	年度
	26	区域碳排放核算	—	年度（可选择）
	27	生态工业园区建设状况监控	—	年度（可选择）
	28	产业转型状况监控	—	年度
	29	经济密度变化监控	—	年度
	30	人口密度变化监控	—	年度
	31	公众环境满意调查	—	年度
	32	生态文明意识调查	—	年度

（4）生态功能保育区环境管理指标体系

生态功能保育区环境管理指标体系如表12-5所示。

表12-5 生态功能保育区环境管理指标体系

类型	序号	指标	单位	参考值
环境质量和生态质量	1	地表水环境质量	—	达到功能区要求
	2	空气环境质量	—	达到功能区要求
	3	声环境质量	—	达到功能区要求
	4	土壤环境质量	—	达到功能区要求
	5	森林覆盖率	%	根据生态功能区
节能减排降耗和生态建设	6	开展生活污水处理的行政村比率	%	≥25
	7	中心镇建成区生活污水处理率	%	≥30
	8	农村生活垃圾无害化处理率	%	≥80
	9	中心镇建成区生活垃圾无害化处理率	%	≥30
	10	卫生厕所普及率	%	≥80
	11	规模化畜禽养殖场粪便综合利用率	%	≥90
	12	规模化畜禽养殖场污水排放达标率	%	≥90
环境管理监控	13	地表水环境质量监控	—	常规、特例申请
	14	空气环境质量监控	—	年度、特例申请
	15	土壤环境质量监控	—	年度
	16	后备资源开发的影响评估	—	科学研究
	17	本区域公众对资源开发的公众参与程度	—	特例申请

指标值主要参考了生态县、环保模范城市、生态示范园区、生态文明和农村环境保护有关要求。

12.4.3 分区环境管理对策

根据各综合环境功能区的环境现状及问题、区域社会经济发展状况及趋势、主要环境风险因素及生态保护需求等，分区提出环境管理对策。

12.4.3.1 自然生态保留区环境管理对策

遵守保护第一、适度发展适宜产业、建立经济发展区反哺机制、做好生态补偿、共同迈入小康社会的基本原则。

1）进一步细分自然生态保留区的生态功能，根据不同生态功能给出产业准入条件，提出生态环境保护和土地利用的基本要求。

2）加强小流域水土流失治理和地质灾害隐患排查，通过生态治理工程或生态移民降低灾害。

3）对保护区内尚存的工业污染源、农业污染源或其他类型污染源进行限期治理。

4）做好矿山开发的规划，对于废弃矿山严格执行生态恢复制度，并实行监控机制。

5）对于旅游区开发和乡村旅游发展要进行区域规划，做好规划环评，并做好节能减排降耗和污染物控制，做到有序开发。

6）加强建制镇和生态村的生活污水和生活垃圾处理，借助生态县、生态乡镇和生态村建设平台，通过 10 年的努力逐步实现农村生活污水和生活垃圾分类安全处理全覆盖。

7）加强水、气、土壤环境质量变化的监控。制订定期的水、气、土壤质量监测计划，尤其在地下水监测、土壤监测方面加强力度，做到常规监测和项目特殊需要监测相结合，常规指标和特定指标相结合。鼓励有条件的县域率先建立基于 GIS 的环境信息管理系统和辅助决策系统，并建立自动监测的断面和站点。制定环境事故突发应急预案。

8）对森林防火及病虫害发生状况、生物多样性变化和外来物种侵害状况、保护区违法事件实施常规监控。

9）进一步探索行之有效且显示公平的生态补偿制度，根据不同的保护对象，设计不同的补偿类型、补偿主体、补偿内容和补偿方式，见表 12-6。

表 12-6　生态补偿的类型、内容和方式

区域范围	补偿类型	补偿内容	补偿方式
国际补偿	全球、区域和国家之间的生态和环境问题	全球森林和生物多样性保护、污染转移、温室气体排放、跨界流域等	多边协议下的全球购买 区域或双边协议下的补偿 全球、区域和国家之间的市场交易
国内补偿	流域补偿	大流域上下游间的补偿 跨省界的中型流域的补偿 地方行政辖区的小流域补偿	地方政府协调 财政转移支付 市场交易
	生态系统服务补偿	森林生态补偿 草地生态补偿 湿地生态补偿 自然保护区补偿 海洋生态系统 农业生态系统	国家（公共）财政转移支付 生态补偿基金 市场交易 企业与个人参与
	重要生态功能区补偿	水源涵养区 生物多样性保护区 防风固沙、土壤保持区 调蓄防洪区	中央、地方（公共）补偿 NGO 捐赠 私人企业参与
	资源开发补偿	土壤复垦 植被修复	受益者付费 破坏者负担 开发者负担

12.4.3.2　生态功能保育区环境管理对策

1）浙江省的生态功能保育区集中在海边滩涂及低山丘陵，海边湿地的破坏、海岸带的变化均会带来一定的生态风险，低山丘陵开发会带来水土流失、泥石流等地质灾害，因此应加强生态功能保护的科学研究，做到科学有序开发，降低生态安全风险。尤其要做好一些资源开发造成的环境生态安全风险的评估，明确可采取的降低风险的措施。政府在科学研究资助项目中应加大这方面的力度，做到心中有数。

2）根据生态功能保育区在主体功能区和国土利用规划中的具体定位，分别按照食物环境安全保障区、自然生态保留区要求执行。

3）加强水、大气、土壤环境质量变化的监控。制订定期的水、大气、土壤质量的监测计划，尤其在地下水监测、土壤监测方面加大力度，做到常规监测和项目特殊需要监测相结合，常规指标和特定指标相结合。鼓励有条件的县域率先建立基于GIS的环境信息管理系统和辅助决策系统，并建立自动监测的断面和站点。制定环境事故突发应急预案。

4）确保农村饮用水的安全，推进农村生活污染治理，加强规模养殖污染防治，科学控制农业面源污染。

12.4.3.3　食物环境安全保障区环境管理对策

遵守预防第一、保障农民身体健康、推动农业循环经济、促进农村节能减排、发展食物环境安全保障区的生态文明的基本原则。

主要环境管理涉及以下7个方面：①确保农村饮用水的安全；②推进农村生活污染治理；③加强规模养殖污染防治；④科学控制农业面源污染；⑤积极预防农村土壤污染；⑥严格防治农村工业污染；⑦持续改进农村生态保护。

1）明确政策的法律地位，纳入国民经济和社会发展规划。制定浙江省食物环境安全保障区的环境保护规划，并纳入各级国民经济和社会发展规划中，以确保必要的资源保障，比如明确管理机构和职责、资金渠道、绩效考核等。

2）多方筹集保护和建设资金，出台鼓励投资农村环境保护建设的一系列政策。从上述七大管理任务入手，由于这项工作量大、面广，应由乡镇牵头，行政村是最终控制单元，可以凭借生态县、生态乡镇、生态村的创建平台，解决部分资金来源，同时未来根据国家的农村农业农民的政策变化，可预测投资者中将增加新的成员，从过去的国家、各级地方政府、村委、农户改变为国家、各级地方政府、村委、农业龙头企业、农业合作社、农户6个投资主体。需分门别类出台激励政策，明确受益主体，分析投资动机，建立组织结构，协调各方利益。

3）加强水、大气、土壤环境质量变化的监控。将县环境监测的职能进一步向农村区域延伸，制订定期的水、大气、土壤质量的监测计划，尤其在地下水监测、土壤监测方面加强力度，做到常规监测和项目特殊需要监测相结合，常规指标和特定指标相结合。鼓励有条件的县域率先建立基于 GIS 的环境信息管理系统和辅助决策系统，并建立自动监测的断面和站点。制定环境事故突发应急预案。

4）将周边工业和城镇发展对食物环境安全保障区的影响评估纳入规划环评和重大项目环评的内容，环评报告书中做专门章节的风险评估和风险对策分析。

5）加强农业循环经济理念的推广和实践。在农业、环保等职能部门的服务下，抓住农业龙头企业、农业合作社这一中间核心平台，积极推广农业方面的节能节药、测土配方、合理施肥、农业污染物安全无害化处理技术。

6）加强农户的农产品生产质量意识和节能降耗减排的培训。每年拨付培训专项资金进行农产品生产质量控制过程和环境因素控制过程的培训，对全省粮食生产区所涉及的乡镇、村进行有计划的轮训。

12.4.3.4 聚居环境维护区环境管理对策

1）增强环境质量监控网络。包括建成区、郊区和其他敏感区域，建立覆盖聚居环境维护区的大气、地表水、地下水、噪声、土壤的监测制度，并配备相应的人员和监测设备，监测网络以县域为基本控制单元，尤其地下水和土壤监测逐步常规化。

2）严格执行总量控制制度，研究科学的总量控制方式，推进排污权交易。主要大气和水体污染物种类执行总量控制，部分区域需推进特征污染物总量控制工作，加强各区域流域的总量控制技术和管理研究，逐步做到分区分期的精细化总量控制水平。在使用强制的法律手段和行政手段的基础上，配合使用经济有效的行政指导政策，在嘉兴市排污权试点的基础上，各区域流域逐步推行排污权交易制度，实现污染源的长效经济管理。

3）推进区域环境信息管理系统建设，发展在线监控。第一层次建立省环保厅为大脑，市局为核心，县局为终端的环境信息管理系统，基于 3S 技术，将区域流域的基本控制单元数据及时纳入信息管理系统，以便做好省级层面的决策；第二层次建立县级的环境信息管理系统，将具体的环境管理业务流程和终端污染源、断面、站点、测点数据实时纳入信息数据库，该数据库与县级其他部门如国土、农林、水利、建设、卫生等重要部门数据库根据行政协助原则有序进行数据共享，以便县级层面重要决策如生产力布局、产业调整、城区规划、公共设施配套等有坚实的数据基础。

4）推进公共服务均等化，加强纳入工业化城镇化的原农村区域的公共设施建设。聚居环境维护区会涉及城市新兴工业功能区块，这些区块的土地性质在逐年转变，但现状仍与农村无异，这些区域的公共设施配套原则是跟随开发区的步伐，但经验教训表明，这些区域往往配套落后，极易一时造成区域性的污染问题，也是城区污水集中纳管处理、生活垃圾集中无害化处理等城建指标薄弱的环节。因此应对城市新兴发展区块的前期规划和配套实施提出明确政策要求。

5）加强对城市机动车尾气污染、噪声污染、高耗能的"城市病"的研究，制定可行的解决策略，逐步推进解决方案。

6）以工业园区为抓手，推进企业的环境管理体系建设、推进企业的清洁审核、能源评价工作，做实节能减排降耗工作，鼓励有条件的企业建设国家级生态工业示范园区。鼓励有条件的城市进行区域碳排放核算工作，寻求减排的契机。

7）针对已经产生特定环境污染问题和资源问题的区域，如重金属、有机物导致的土壤地下水污染，水资源缺乏等必须制定可行的行动指南。

8）通过各类媒体、机构加强"生态文明"宣传，环境管理能否做好，公众的作用是巨大的。要切实落实公众参与制度。

参考文献

[1] 艾努瓦尔，李新华，高力军，等．新疆生态功能区划．乌鲁木齐：新疆科学技术出版社，2006.

[2] 伯特尼（Porthey P. R），史蒂文斯（Stavins R. N）．环境保护的公共政策（第2版）．上海：上海三联书店，上海人民出版社，2004.

[3] 蔡佳亮，殷贺，黄艺．生态功能区划理论研究进展．生态学报，2010，30（11）：3018-3027.

[4] 迟妍妍，许开鹏，饶胜，等．我国分区管理的实践基础与经验．环境保护，2012，增刊：56-57.

[5] 丁四保．中国主体功能区划面临的基础理论问题．地理科学，2009，29（4）：587-592.

[6] 杜黎明．主体功能区区划与建设：区域协调发展的新视野．重庆：重庆大学出版社，2007.

[7] 樊杰．我国主体功能区划的科学基础．地理学报，2007，62（4）：339-350.

[8] 封志明，潘明麒，张晶．中国国土综合整治区划研究．自然资源学报，2006，21（1）：45-54.

[9] 傅伯杰，刘国华，陈利顶，等．中国生态区划方案．生态学报，2001，21（1）：1-6.

[10] 傅伯杰，刘国华，欧阳志云，等．中国生态区划研究．北京：科学出版社，2013.

[11] 高江波，黄姣，李双成，等．中国自然地理区划研究的新进展与发展趋势．地理科学进展，2010，29（11）：1400-1407.

[12] 关道明，阿东．全国海洋功能区划研究．北京：海洋出版社，2013.

[13] 国务院西部地区开发领导小组办公室，国家环境保护总局．生态功能区划技术暂行规程，2002.

[14] 何芳．土地利用规划．上海：百家出版社，1994.

[15] 宏观经济研究院国土地区所课题组．我国主体功能区划分理论与实践的初步思考．宏观经济管理，2006（10）：43-46.

[16] 侯学煜．中国自然生态区划与大农业发展战略．北京：科学出版社，1988.

[17] 黄宝荣，李颖明，张惠远，等．中国环境管理分区：方法与方案．生态学报，2010，30（20）：5601-5615.

[18] 黄宝荣，饶胜，王晶晶，等．环境管理政策分区构想．环境保护，2010（14）：

21 – 23.

[19] 黄宝荣，张慧智，李颖明．环境管理分区：理论基础及其与环境功能分区的关系．生态经济，2010（9）：160 – 165，187.

[20] 黄艺，蔡佳亮，郑维爽，等．流域水生态功能分区以及区划方法的研究进展．生态学杂志，2009，28（3）：542 – 548.

[21] 纪强，史晓新，朱党生，等．中国水功能区划的方法与实践．水利规划设计，2002（1）：44 – 47.

[22] 姜林，赵彤润．环境区划方法学研究——以北京市为例．环境科学，1993，14（5）：55 – 59.

[23] 李东旭，赵锐，宋维玲．近海海洋主体功能区划技术方法研究．海洋环境科学，2010，29（6）：939 – 944，

[24] 李涛，杨林红，张明，等．新疆环境功能区划与相关区划的关系及衔接．新疆环境保护，2013，35（3）：38 – 42.

[25] 李文华，等．生态系统服务功能价值评估的理论、方法与应用．北京：中国人民大学出版社，2008.

[26] 刘炳江，柴发合，樊元生，等．中国酸雨和二氧化硫污染控制区区划及实施政策研究．中国环境科学，1998，18（1）：1 – 7.

[27] 刘桂环，陆军，王夏晖．中国生态补偿政策概览．北京：中国环境科学出版社，2013.

[28] 刘燕华，郑度，葛全胜．关于开展中国综合区划研究若干问题的认识．地理研究，2005，24（3）：321 – 329.

[29] 刘作新，谷健．我国土壤环境功能区划内涵及其框架．土壤，2014，46（3）：389 – 393.

[30] 卢亚灵，蒋洪强，王金南，等．环境功能区划与主体功能区划关系的思考．环境保护，2010（20）：29 – 31.

[31] 马仁锋，王筱春，张猛，等．主体功能区划方法体系建构研究．地域研究与开发，2010，29（4）：10 – 15.

[32] 孟伟，张远，郑丙辉．辽河流域水生态分区研究．环境科学学报，2007，27（6）：911 – 918.

[33] 苗鸿，王效科，欧阳志云．中国生态环境胁迫过程区划研究．生态学报，2001，21（1）：7 – 13.

[34] 倪绍祥．土地类型与土地评价概要．北京：高等教育出版社，1999.

[35] 欧阳志云，王如松，赵景柱．生态系统服务功能及其生态经济价值评价．应用生态学报，1999，10（5）：625 – 640.

[36] 彭晓春，刘红刚，许振成，等．基于区域发展主体功能区的国家环境功能区划体系研究．中国环境科学学会环境规划专业委员会2008年学术年会论文集．北京：中国环境科学出版社，2008：357 – 363.

[37] 任美锷，杨纫章，包浩生．中国自然区划纲要．北京：商务印书馆，1979.

[38] 石洪华，郑伟，丁德文．海岸带主体功能区划的指标体系与模型研究．海洋开发与管理，2009，26（8）：88－96.

[39] 孙小银，周启星．中国水生态分区初探．环境科学学报，2010，30（2）：415－423.

[40] 万本太，邹首民，等．走向实践的生态补偿：案例分析与探索．北京：中国环境科学出版社，2008.

[41] 王金南，吴文俊，蒋洪强，等．构建国家环境红线管理制度框架体系．环境保护，2014，42（2－3）：26－29.

[42] 王金南，许开鹏，迟妍妍，等．我国环境功能评价与区划方案．生态学报，2014，34（1）：129－135.

[43] 王金南，许开鹏，陆军，等．国家环境功能区划制度的战略定位与体系框架．环境保护，2013，41（22）：35－37.

[44] 王金南，张惠远，蒋洪强．关于我国环境区划体系的探讨．环境保护，2010（10）：29－33.

[45] 王金南，庄国泰．生态补偿机制与政策设计．北京：中国环境科学出版社，2006.

[46] 王晶晶，刘敏，鲁海杰．环境分区管理的国际经验及启示．环境经济，2012（12）：38－40.

[47] 王如松，欧阳志云．社会—经济—自然复合生态系统与可持续发展．中国科学院院刊，2012，27（3）：337－345.

[48] 王万茂．土地利用规划学．北京：中国大地出版社，2000.

[49] 王浙明，张雍，于海燕，等．浙江省域环境功能区划划分思路及方法探讨．环境保护，2012，增刊：68－70.

[50] 王浙明．浙江生态功能区划实践探索．环境保护，2010（14）：24－26.

[51] 吴忠勇，王文杰，李雪．国家级环境区划理论与方法初探．农村生态环境，1995，11（3）：1－3，7.

[52] 伍光和，蔡运龙．综合自然地理学．北京：高等教育出版社，2004.

[53] 夏青，孙艳，许振成，等．水环境保护功能区划分．北京：海洋出版社，1989.

[54] 许开鹏，黄一凡，石磊．已有区划评析及对环境功能区划的启示．环境保护，2010（14）：17－20.

[55] 许开鹏，黄一凡．环境功能区划的技术方法初探．环境保护，2012，增刊：53－55.

[56] 许振成，张修玉，胡习邦．全国环境功能区划的基本思路初探．改革与战略，2011，27（9）：48－50，65.

[57] 燕乃玲．生态功能区划与生态系统管理：理论与实证．上海：上海社会科学院

出版社，2007.

[58] 阳平坚，吴为中，孟伟，等．基于生态管理的流域水环境功能区划——以浑河流域为例．环境科学学报，2007，27（6）：944-952.

[59] 杨树珍．中国经济区划研究．北京：中国展望出版社，1990.

[60] 叶玉瑶，张虹鸥，李斌．生态导向下的主体功能区划方法初探．地理科学进展，2008，27（1）：39-45.

[61] 张凤荣．持续土地利用管理的理论与实践．北京：北京大学出版社，1996.

[62] 张惠远，金陶陶，张箫．环境功能区划概念和区划思路．环境保护，2010（14）：14-16.

[63] 张惠远，王金南，饶胜．青藏高原区域生态环境保护战略研究．北京：中国环境科学出版社，2012.

[64] 张惠远，邹首民，王金南．广东省环境保护战略研究．北京：中国环境科学出版社，2007.

[65] 张惠远．我国环境功能区划框架体系的初步构想．环境保护，2009（2）：7-10.

[66] 赵延宁，马履一．生态环境建设与管理．北京：中国环境科学出版社，2004.

[67] 郑度，葛全胜，张雪芹．中国区划工作的回顾与展望．地理研究，2005，24（3）：330-344.

[68] 郑度，欧阳，周成虎．对自然地理区划方法的认识与思考．地理学报，2008，63（6）：563-573.

[69] 中国科学院自然区划工作委员会．中国综合自然区划（初稿）．北京：科学出版社，1959.

[70] 中华人民共和国国家标准．保护农作物的大气污染物最高允许浓度（GB 9137—88）．国家环境保护局，1988.

[71] 中华人民共和国国家标准．城市区域环境噪声适用区划分技术规范（GB/T 15190—94）．国家环境保护局，国家技术监督局，1994.

[72] 中华人民共和国国家标准．地表水环境质量标准（GB 3838—2002）．国家环境保护总局，国家质量监督检验检疫总局，2002.

[73] 中华人民共和国国家标准．地下水质量标准（GB/T 14848—93）．国家技术监督局，1993.

[74] 中华人民共和国国家标准．电磁环境控制限值（GB 8702—2014）．环境保护部，国家质量监督检验检疫总局，2014.

[75] 中华人民共和国国家标准．海水水质标准（GB 3097—1997）．国家环境保护局，1997.

[76] 中华人民共和国国家标准．环境空气质量标准（GB 3095—2012）．环境保护部，国家质量监督检验检疫总局，2012.

[77] 中华人民共和国国家标准．农田灌溉水质标准（GB 5084—92）．国家技术监督局，国家环境保护局，1992.

［78］中华人民共和国国家标准．声环境质量标准（GB 3096—2008）．环境保护部，国家质量监督检验检疫总局，2008.

［79］中华人民共和国国家标准．食用农产品产地环境质量评价标准（HJ 332—2006）．国家环境保护总局，2006.

［80］中华人民共和国国家标准．土壤环境质量标准（GB 15618—1995）．国家环境保护局，国家技术监督局，1995.

［81］中华人民共和国国家标准．温室蔬菜产地环境质量评价标准（HJ 333—2006）．国家环境保护总局，2006.

［82］中华人民共和国国家标准．渔业水质标准（GB 11607—89）．国家环境保护局，1989.

［83］中华人民共和国环境保护标准．地表水环境功能区类别代码（试行）（HJ 522—2009）．环境保护部，2009.

［84］中华人民共和国环境保护标准．环境空气质量功能区划分原则与技术方法（HJ 14—1996）．国家环境保护总局，1996.

［85］中华人民共和国环境保护标准．近岸海域环境功能区划分技术规范（HJ/T 82—2001）．国家环境保护总局，2001.

［86］中华人民共和国环境保护部，中国科学院．全国生态功能区划．2008.

［87］周丰，刘永，黄凯，等．流域水环境功能区划及其关键问题．水科学进展，2007，18（2）：293－300.

［88］朱传耿，马晓冬，孟召宜．地域主体功能区划：理论·方法·实证．北京：科学出版社，2007.

［89］Albert M. Regional integration and environmental policy in Europe：the need for a pan－European approach. Environmental Impact Assessment Review，1994，14（2－3）：137－146.

［90］Bailey R G. Ecoregions of the United States（rev.）at 1：7 500 000. Washington DC：U. S. Department of Agriculture and Forest Service，1994.

［91］Bailey R G. Map：Ecoregions of the United States at 1：7 500 000. Ogden：U. S. Department of Agriculture and Forest Service，Intermountain Region，1976.

［92］Bakker J P，Grootjans A P，Hermy M. How to define targets for ecological restoration? Applied Vegetation Science，2000（3）：1－72.

［93］Brady D J. The watershed protection approach. Water Science and Technology，1996，33（4/5）：17－21.

［94］Callicott J B，Aldo Leopold's Metaphor. Ecosystem Health—New Goals for enbironmental Management. Island Press，Washington D. C.，1992.

［95］Commission for Environmental Cooperation. Ecological Regions of North America：Toward a Common Perspective. Quebec：Commission for Environmental Cooperation，1997.

［96］ Costanza R，d'Arge R，de Groot R S，et al. The value of the world's ecosystem services and natural capital. Nature，1997（387）：253－260.

［97］ Daily G C. Nature's Service：Societal Dependence on Natural Ecosystems. Island Press，1997.

［98］ De Groot R S，Wilson M A，Boumans R M J. A typology for the classification，description and valuation of ecosystem functions，goods and services. Ecological Economics，2002（41）：393－408.

［99］ De Groot R S. Functions of Nature：Evaluation of Nature in Environmental Planning. Management and Decision Making，Wolters－Noordhoff，Groningen，1992.

［100］ Elder J. The big picture：Sierra Club Critical Ecoregions Program. Sierra，1994，79：52－57.

［101］ Geneletti D，Duren I. Protected area zoning for conservation and use：A combination of spatial multicriteria and multiobjective evaluation. Landscape and Urban Planning，2008，85：97－110.

［102］ Hangen E，Olbricht W，Joneck M. Regionalization of organic pollutants in Bavarian soils：The performance of indicator Kriging. Journal of Plant Nutrition and Soil Science，2010，173：517－524.

［103］ Herbertson A J. The major natural regions：an essay in systematic geography. Geographical Journal，1905，25：300－312.

［104］ Holl P. Urban and Regional Planning. London：Oxford University Press，1975.

［105］ Kremen C. Managing ecosystem services：what do we need to know about their ecology? Ecology Letters，2005（8）：468－479.

［106］ Li Y M，Zeng W L，Zhou Q X. Research progress in water ecofunctional regionalization. The Journal of Applied Ecology，2009，20（12）：3101－3108.

［107］ Mackaye B. Regional planning and ecology. Ecological Monographs，1940，10（3）：349－353.

［108］ Merriam C H. Life zones and crop zones of the United Stated. Bulletin Division Biological Survey 10. Washington DC：US Department of Agriculture，1898.

［109］ Miller D De R G. Integrated environmental zoning. Journal of the American Planning Association，1996，62（3）：372－379.

［110］ Nannipieri P，Ascher J，Ceccherini M T，et al. Microbial diversity and soil functions. European Journal of Soil Science，2003，54（4）：655－670.

［111］ Omernik J M. Ecoregions of the conterminous United States. Annals of the Association of American Geographers，1995，77（1）：118－125.

［112］ Ricketts T H，Dinerstein E，Olson D，et al. Terrestrial ecoregions of North America：A Conservation Assessment. Washington D. C：Island Press，1999.

[113] Steiner F, G L Young, E H Zube. Ecological planning: retrospect and prospect. Landscape journal, 1987, 6 (2): 31 - 39.

[114] Westervelt J D. Simulation modeling for watershed management. New York: Springer, 2001: 1 - 4.

[115] Wiken E B. Terrestrial Ecozones of Canada: Ecological Land Classification Series. Quebec city: Environment Canda, 1986 (19).

[116] Yu X Y, Li J X, Zhang X L. The Researches on Integrating Water Function Zones and Water Environmental Function Zones Basing HaiNHD in Hai River Basin. River Basing Research and Planning Approach, 2009, 2: 252 - 256.